# THE WILL P
## INSTINC

# 自控力

## 实现自控与自律的自我管理

ON

汪国锋 / 编著

## 能控制住自己的人，才能掌握自己的命运

自控力，即自我控制的能力，指对一个人自身的冲动、感情、欲望施加的正确控制。广义的自控力指对自己的周围事件、对自己的现在和未来的控制感，它决定你能否支配自己的成功，你能否支配你的人际关系，你能否支配你的人生走向。

金盾出版社

## 内容提要

自控力，即自我控制的能力，指对一个人自身的冲动、感情、欲望施加的正确控制。广义的自控力指对自己的周围事件、对自己的现在和未来的控制感，它决定你能否支配自己的成功，你能否支配你的人际关系，你能否支配你的人生走向。

**图书在版编目（CIP）数据**

自控力/汪国锋编著．—北京：金盾出版社，2019.1

ISBN 978 – 7 – 5186 – 1495 – 0

Ⅰ.①自… Ⅱ.①汪… Ⅲ.①自我控制–通俗读物

Ⅳ.①B842.6 – 49

中国版本图书馆 CIP 数据核字（2018）第 301513 号

**金盾出版社出版、总发行**

北京太平路 5 号（地铁万寿路站往南）

邮政编码：100036　电话：66886184

传真：68276683　网址：www.jdcbs.cn

印刷装订　三河市宏顺兴印刷有限公司

各地新华书店经销

开本：880×1230　1/32　印张：7　字数：110 千字

2019 年 2 月第 1 版第 1 次印刷

印数：1～5000 册　定价：39.80 元

# 前　言

　　美国一位心理学家说过一段话："一个有意于修炼自己并提升意志力的人，将会获得无比巨大的力量。这种力量不仅能完全控制一个人的精神世界，而且能使人的心理达到前所未有的高度。此时，一个人以前从未想过能拥有的智慧、天赋或能力都有可能变成现实。其实那些一直以来不为人们所发现的东西，就存在于人的自身之内，而自控力就是那把能够开启人的观察力和征服力的钥匙。"

　　自控力是自我控制的能力，指一个人对自身的冲动、感情、欲望施加的控制。自控力也是对自己的习惯、情绪、周围事件、时间、欲望以及学习能力的控制。当你能够对一切有自控力的时候便会发现，你的时间充裕了、作息规律了、心态平和了、情绪稳定了、欲望减小了、学习的动力增强了……一切的一切，都会往好的方向发展；若你一旦无法自控并失控起来，可想而知，你将变得拖沓、懒散、易怒、抱怨……到时候你会发现，不只是自己每天处于崩溃的边缘，而且还会让朋友逐渐远离你。因此，增强自控力对一个人来说是很重要的。

　　《自控力》是每一个人都应该拥有的能力，它能给心灵注入力量、能够让你的言语和行为变得得体。当一个人拥有了自控力，无论是在情绪、思想、欲望还是才能方面，都能凝聚成正能量，让自己的内心变得强大。

　　本书从多个角度阐述了自控力在人的生活和工作中的影响，并告诉读者如何提高自控力。让每一位读者都能够在掌握到理论知识的同时，学习如何在实际生活中学习和运用自控力。相信本书会对读者在为人处世上有一定帮助，让你在自控力方面得到提升。当你翻开这本书的时候，相信书中的内容或许能给你一些有益的启示。

# 目

# 录

# 摆正自控心态：别让失控的情绪害人又害己

# 认清自己，控制情绪

故事一：有一天上午，一只慵懒的狐狸准备外出觅食。当它来到门外时，看到自己的影子在阳光的照射下显得十分修长，因此，他信心满满地对自己说："今天一定要抓一头骆驼做丰盛的午餐。"

可是整个上午过去了，狐狸没有找到骆驼的踪迹，更别说丰盛的午餐了。到了正午，饥肠辘辘的狐狸已无力前行。这时，太阳正悬在它的头顶上。此刻，狐狸发现自己的影子特别小，于是，它垂头丧气地对自己说："看来我应该去抓一只老鼠。"

故事二：两只青蛙在外觅食的时候，不小心掉进了一个盛满牛奶的桶里。一只青蛙心灰意冷地想：看来是彻底没希望了，这么高的牛奶桶，对我来说根本是跳不出去的。于是它放弃了挣扎，最后淹死在牛奶里。而另一只青蛙却不断地给自己鼓劲：虽然掉进这么深的桶里看似没了希望，但我最擅长的就是跳跃，只要鼓足了劲儿，不断地往上跳，是一定可以跳出去的。于是，这只青蛙用尽力气跳跃着，最后终于跳了出去。

在故事一中，狐狸分别选择早上和正午的影子作为参照物，使它错误地认为自己非常强大或非常弱小。当早上发现自己的身影修长伟岸时，就以为自己力大无穷、无所不能，可以捕获一头骆驼；而当正午的阳光缩小了它的影子时，它便误以为自己是相当渺小的，觉得自己能够抓到一只老鼠就不错了。

在故事二中，两只青蛙由于不同的认识而出现了两种截然不同的结果。第一只青蛙因为没有认识到自己的能力，面对困难，万念俱灰，结果死在了牛奶桶里；而第二只青蛙却坚信，只要自己努力就一定可以跳出去，从而获得了新生。

在现实生活中，我们往往就像故事一中的狐狸和故事二中的第一只青蛙，当遇到让自己不顺心的事或是听到他人负面的评价时，就会认不清自己、控制不了自己的情绪而做出让我们追悔莫及的事情，轻则影响人际关系，重则危害自己的身心健康。所以，要想远离失控情绪，就需要调节自己的心态，正确、清楚地认识自己。

当我们客观地认识自己时，对外界事物的判断才会变得更加理性，从而减少自身情绪化行为的产生。当我们能做到正确认识自己后，就如同在内心安装了一个控制情绪的阀门，让情绪能够收放自如，从而远离情绪失控，保持健康、积极的心态。

一天，著名作家哈里斯和朋友在街上闲逛。当看到一家卖报纸的小摊后，哈里斯走上前去买了一份报纸，并在买完之后礼貌地向摊主道谢。可是摊主却并不领情，而是摆出一副满不在乎的表情。朋友见状非常生气，但隐忍着没有发作。

当他们又走了一路后，朋友实在忍不下去了，气愤地对哈里斯说："你难道不认为刚刚那个摊主的态度十分差劲吗？"哈里斯微笑着说："我并不觉得啊！我每天都在他那里买报纸，他一直都是这种态度。"

朋友听闻更加惊讶起来："他每天都是这样的态度对待你，你为何还要礼貌地向他道谢呢？"哈里斯依然微笑着回答："何必让别人影响自己的心情呢？"

我们为何要让别人来左右和影响自己的心情呢？好心情应当由自己掌控。人生不如意事十之八九，如果我们因此而消沉并迷失了自我，那么永远都会被世界牵着鼻子走。但是如果我们能够正确地认识自己，培养豁达的心胸，客观地看待问题，愤怒、冲动等不良情绪就像雨滴落在久旱的大地上，瞬间就会被蒸发掉。

有心理专家表示，一个心理成熟而健康的人会对"自我"有清晰而准确的认知，并且能够客观地评价自己。但是如果一个人对"自我"的概念认识不清或不完整，那么他的认知便是混乱、残缺的，从而导致在生活中没有目标，很难应对生活的变化，更无法掌控自己的情绪。

有人曾问古希腊哲学家泰勒斯："什么事是最难做的？"泰勒斯回答道："认识自己。"一个人能够全面、客观、准确地认识自己并不是一件很容易的事情。正是由于对自己认识上的偏颇，才会产生复杂的情绪体验，做出让常人无法理解的事情来。

因此，只有正确地认识自己，才能让我们远离失控的情绪。首先，要清楚认知自己的优缺点。一方面要认识到自己在性格特点、处世态度、能力地位等方面的优势，另一方面也要经常剖析自己为人处世等方面的弱势，用平常心来善待自己和他人。这样一来，我们就会具备更多的优秀品质，如包容、乐观与沉着等，从而远离嫉妒、消极与暴躁等不良情绪和个性。

其次，淡然地看待那些无法避免的失误和疏忽。当我们在宴会上不小心将酒杯打翻，或是因不小心说了一句话让愉快的交流氛围变得尴尬时，大可不必让自己的情绪掀起波澜。因为当我们处于尴尬中或深感不安时，别人也许根本就不在意，也没有多少人会注意到我们。所以，我们没有必要让这些微小的失误和疏忽困扰着自己，陷入不安的心理状态，更不要为此沉溺于自责的情绪中而无法自拔。

　　最后，不要过度地关注自己。关注自己本来是没有错的，但是过度关注只会让自己迷失、认不清自己的定位，更会导致一切事情以自我为中心，从而失去客观性、容易情绪化。

# 善于自我安慰

在中学的课本中，我们曾经读过鲁迅的《阿Q正传》，文中塑造的典型人物阿Q的精神胜利法已经成为一个流传甚广、有特定含义的名词。在与他人打架吃亏后，阿Q总是对自己说："现在世界真不像样，儿子居然打起老子来了。"自我安慰使得他心满意足，就如同自己打了场胜仗一般。精神胜利法本来带有一定的贬义和讽刺色彩，不过，在现实生活中，妙用精神胜利法却能让我们远离情绪失控的状态。

善于自我安慰，是精神胜利法的一大特征。所谓精神胜利法，就是一种让精神得到慰藉的、自我安抚情绪的方法。妙用精神胜利法不仅可以让心理得到平衡，还可以调节我们的情绪。

在现实生活中，我们总会遇到各种令我们烦闷不安和痛苦不堪的事情与处境。对此，很多人会沉溺于其中，整天唉声叹气，悲观绝望地生活。更有一些人会因为考试失利或是恋人分手而痛不欲生，从此一蹶不振，甚至结束自己的生命。这些做法都是不可取的。

当考试失利时，可以安慰自己：胜败乃兵家常事，这次没考好，下次必然会成功；当失恋时，可以对自己说：天涯何处无芳草，何必单恋一枝花……要让自己在面对一切不如意、不顺心的事情时，学会"尽人谋之后，却须泰然处之"的应对方法。

俄国作家契诃夫在文章《生活是美好的》中这样写道："要是火柴在你口袋里燃烧起来，那么你应该高兴，而且感谢上苍，多亏你的口袋不是火药库。要是你的手指扎了一根刺，那么你应该高兴，挺好，多亏这刺不是扎在眼睛里。以此类推……照我的劝告去做吧，你的生活就会欢乐无穷。"契诃夫告诉人们，当不幸和灾难降临到我们身上时，要学会用这种方法来安慰自己，使得自己的心理恢复平衡，感受更美好的生活。

另外，有医学研究表明，精神胜利法对于情绪失控的人来说如同一剂良药。它不仅能起到安慰的作用，还能够舒缓和减轻心理失衡的压力，以免他们做出不理智的事情来。所以，精神胜利法在治疗人们心理失衡方面有着极大作用。

# 摆正心态，掌控情绪

古时候，有一位秀才进京赶考。这已经是他第三次参加科举考试了，前两次都以失败告终。所以这次进京，他选择了之前入住的旅店，一来环境熟悉，二来让自己的心更容易安定下来。

在考试前一天晚上，秀才做了三个奇怪的梦：第一个是梦到自己竟然爬到了墙上去种大白菜；第二个是梦到自己在下雨天穿着蓑衣戴着斗笠，可是还打着伞；第三个是梦到自己和心爱的表妹在一起，但是却背靠背互不搭理。

醒来后，秀才一直寻思着这三个梦，但始终不知何意，是不是对自己这次考试有什么预兆呢？百思不得其解后，他便急匆匆地走出旅店，到街边去找算命先生为自己解一解奇怪的梦境。

算命先生听秀才讲完他的三个梦后，摇了摇头，叹了一口气说："此梦并非吉兆，你还是收拾东西回家，等下一年再来考吧。墙上种白菜，说明你这次考试依然是白费力气；而在下雨天穿蓑衣戴斗笠还打着伞，说明这次考试你是多此一举，还是考不上；与心爱的表妹背靠背，说明你这次考试肯定没戏。"

秀才听完算命先生的一番解释后，顿时心灰意冷，似乎自己已经名落孙山一样，心情郁闷到了极点。他失落地走回旅店，准备收拾东西回家。

在他退房的时候，旅店老板不禁有些疑惑："这考试还没有开始，你怎么就准备回去了呢？"秀才又郁闷地将自己的梦说了一遍，老板听完，立刻对他说："恭喜你啊，你这次考试肯定能高中啊。墙上种白菜，不就是高中的意思吗？下雨天穿蓑衣戴斗笠还打着伞，是指这次考试有备无患啊！与心爱的人背靠背躺在一起，是说这次考试必然能够翻身。"

秀才一听，顿时信心百倍，似乎已经看到自己高中的喜庆场面。于是，他定下心来认真复习做准备。结果，真如旅店老板所言，秀才中了探花。

可见，心态不同，导致的结果也不同。一朵花摆在众人面前，有的人会有"花谢花飞飞满天，红消香断有谁怜"的感慨，有的人则会有"落红不是无情物，化作春泥更护花"的情怀。一轮明月挂在夜空中，张若虚有"江畔何人初见月，江月何年初照人"的思索，李白则有"床前明月光，疑是地上霜"的乡愁。由于心态不同，对所见景象的感受也会有所不同。上文中的秀才听完算命先生的解说后，情绪立刻跌到谷底，根本没有心情再考试了，即使考，也肯定考不上。但是听完旅店老板的另一番解读后，他顿时信心百倍，一扫之前的阴霾，积极应考，结果考取了探花。因此，只有克服自己的心理障碍，摆正心态，才会让我们远离消极情绪、避免情绪失控，更好地面对各种困难和挫折。

可是，在现如今日益激烈的社会竞争中，我们总会因为各种事情而陷入思维的死角：被人误解、遭受不公平待遇、升职加薪无望……从而被伤心、失落、不满等不良情绪所包围，整日抑郁焦虑。所以，我们会看到这样一幕：在办公室里，两个人本来在讨论问题，但是随着一方的声音不断升高，另一方也提高了自己的音量。最终，讨论会演变成一场怒不可遏的争吵和论战。

对此，有职场人士指出，办公场所是争吵的禁忌之地。当你的情绪处于愤怒、悲痛、焦躁等状态时，尽量不要让自己待在办公室。因为一旦情绪爆发，不仅会让自己的境况很难堪，还会在工作中树敌。即便如此，还是有很多人在办公场所将自己的挫折、难过、不满等不良情绪肆意宣泄。

美国心理专家曾对上班族进行过一项调查，结果显示，有70%的人都曾在办公场所出现过愤怒、难过、焦躁等情绪。虽然发生冲突是人之常情，但是这种工作中的负面情绪一旦爆发，后果是破坏性的，苦口婆心劝他们"不要愤怒""不要失控"是起不到任何作用的，关键还是要靠自己摆正心态。

那么，我们如何才能摆正心态、掌控情绪呢？专家向我们提出了以下几种建议：

一是学会以平常心对待工作中的问题。特别是在日益激烈的竞争环境下，很多人都会因为各种竞争而身心失衡，导致各种不良情绪的产生，如嫉妒、不满、怨恨等。如果任由这些情绪侵蚀我们的内心，只会让我们更加无法专心处理工作。

比如，身在职场中的甲乙二人，甲对工作总是充满热情和干劲，但是在岗位晋升的时候却没有他的名额，对此，他心存不满和怨恨，认为公司对他不公平。事后，他更是在公司里四处抱怨，让自己的消极情绪不仅影响到了自身，也对他人造成了恶劣影响，对工作也不再像以前那样尽职尽责了。最终，他被公司辞退了。

而乙对工作也是相当认真负责，但是对于晋升或加薪都是以平常心看待，并不会因为他人的升职而心怀嫉妒和不满，所以一直以一种乐观、积极的心态工作，业绩反而上升了。

二是学会适应环境。在现实生活中，经常听到有人抱怨"这种工作环境根本让人适应不了""实在让人待不下去了！"可是，"物竞天择，适者生存"，不管身在何种环境中，都需要我们调节好自己的心情，学会适应周围的环境，不能让环境来适应我们，更不能怨天尤人、自怨自艾。只有让自己适应生存的环境，才能远离情绪失控。

三是以谦虚好学的姿态来面对人和事。当我们虚心向他人请教的时候，其实已经是拓宽了我们的心境。尤其是在工作中，谦虚的态度不仅会让同事对我们产生好感，更愿意帮助我们，还可以给他人带来快乐和满足，可谓双赢。

## 懂得适当示弱

据传，有一天，一个人前来向孔子请教问题。他走到孔子家门前，看到子贡正在扫地，便上前问道："请问这是孔子教学的地方吗，您是孔子的学生吗？"

子贡听了傲慢地回答道："是的。你有何赐教呢？"来人说道："听闻孔子是名师，自古名师出高徒，那您必然也很厉害吧？"子贡依然非常傲慢地答道："当然。"

于是，来人便说道："那我请教你一个问题。不过我有个条件，如果你答对了，我向你磕三个响头；如果你答错了，你要向我磕三个响头。"子贡信心满满地回答："好的。"

来人提问道："一年有几季呢？"子贡一听，这么简单的问题还用考虑？他立刻不假思索地回答道："四季。"但是那人却争辩道："不对，是三季。"于是，两人互不相让，争得面红耳赤。

正在他们争得不可开交的时候，孔子从院子里走了出来。子贡立刻像见到救星般，想让老师说句公道话。可是孔子听完他们的叙述后，对子贡说道："一年的确是三季，你赶快向人家磕头认错吧。"来人听了，非常高兴。而子贡却相当疑惑，但是既然老师都这样说，只好向来人磕头认错。

等那人离开后，子贡立刻问孔子："老师，一年明明有四季啊，怎么会是三季呢？"孔子娓娓道来："一年的确是四季，但是有时候你也要懂得适当地向他人示弱。来人一身绿衣，和你争辩的时候又一口咬定是三季，说明他是个蚱蜢。蚱蜢是在春天出生，而在秋天死亡的，所以只经历过春、夏、秋三季，从没见过冬天，因此他根本就不知道冬季。但是如果你不向他示弱，可能与他争辩三天三夜也不会有结果，而且还会让你火冒三丈，这又何必呢？为何不顺着他，让他爽快地离去呢？自己也落个轻松。"

不管是在生活中还是工作上，适当地向他人示弱，的确是化干戈为玉帛的有效沟通方式。当我们与他人意见相左时，必然都会怀有抵触的情绪，但是当我们释放善意，坦诚地"示弱"后，不仅会促使他人接受自己的意见和看法，还会缓解彼此之间的不满或敌对情绪。

美国心理学家曾做过一项调查：如果一位彪形大汉傲慢无礼地从川流不息的马路上横穿而过，可能给他让路的人或车是比较少的。但如果是一位羸弱伤残者过马路，则会有很多人为他让路。可见，适时地示弱不仅可以获得他人的谅解，还可以得到更多帮助。示弱和示强，有时候会产生与预期截然相反的效果。弱者，有时会战胜强者；强者，有时反而会处于弱势。

适当地示弱不仅是一种处世的技巧，也是一种工作技巧。调查发现，在工作中，尤其对销售人员而言，懂得适当示弱的人业绩比那些强势的"掠夺者"要高。因为他们更喜欢使用探讨性的沟通方式，而非强势的话语，也更擅长以倾听者的姿态去了解客户的需求。

曾有这样一则寓言：在一条波涛汹涌的大河上，有一座狭窄的独木桥。一天，有两只山羊分别从河两岸走上桥。当它们在桥中间相遇的时候，谁都没有想要退让一步。但由于桥身很窄，如果一方不向后退让的话，谁都无法走过去。两只山羊竟不甘示弱地用羊角顶撞对方，想以此逼退对方。结果，这两只山羊由于用力过猛，双双跌落到河里，瞬间就被河水吞没了。

可见，如果不懂适当地示弱，只会让我们处于危险的境地。老子曾说："人之生也柔弱，其死也坚强。"意思是，人在世的时候，身体是非常柔软的，死了之后身体就会变得很僵硬。强悍的东西易失去生存的机会，而柔韧的东西则充满生机和活力。就好像强风来临时，大树的枝条总容易被刮断，而柔弱的小草则可以迎风招展。

另外，适当地示弱还有利于人际交往。很多人喜欢出风头，以显示自己的强者风范，殊不知，这种表现往往会让人处处碰壁、到处树敌。如果在人际交往中表现出自己"弱"的一面，不仅可以缓和咄咄逼人的气势，还会让人产生亲近感。

有很多媒体都在争相报道一位企业家。因为这位企业家总是以十全十美的形象示人，似乎没有一点负面消息。所以，大家都想采访到有关他的负面新闻。

一次，一位记者正在休息室等候采访这位企业家，发现休息室与企业家的办公室正好是相对的，而且都是玻璃墙壁。因此，记者便在休息室中仔细观察对方。只见不断有人进出企业家的办公室，使得他总是处于比较忙碌的状态。这时，秘书端去一杯咖啡，看到企业家正在忙，就把咖啡放在了办公桌上。谁知，秘书刚走，有人来送文件，在递文件的过程中不小心把桌上的杯子碰翻了，咖啡泼到了办公桌上的一堆资料中。

等来人走后，面对被弄脏的资料，企业家一阵头疼，想稍作休息，便拿出了雪茄。谁知，在他正要点火的时候却发现把雪茄拿倒了。

被众多媒体报道十全十美的企业家出了洋相，这让即将采访他的记者感到相当意外。也正是因此，记者心中那种富有挑战性的情绪完全消散了，觉得果然人无完人，甚至对对方产生了一种同情心理。

其实，这是企业家事先安排好的，他巧妙且不留痕迹地出点小洋相，表明自己并不是一个十全十美的人，这样就会使人不再与他为敌。因为当人们发现完美而高高在上的人物也有许多弱点时，就会消除原有的距离感，反而会带着同情心去看待对方，并会产生某种程度的亲切感。

因此，适当地向他人示弱并不是表明我们非常弱小，而是一种谦让和低调。在示弱的过程中，不仅能让我们远离情绪失控，还会让我们更加智慧地处世、为人。

# 遇事先让自己冷静下来

小伟的家境相当困难，为了减轻父母的压力和负担，懂事的小伟决定让妹妹去上学，因为他知道妹妹的学习成绩一直相当优异，所以他辍学打工，和家人一起赚钱，挖起了隧道。

可是，小伟在工地挖隧道没几天却遭遇塌方，小伟和其他几个人被困在隧道内。大家都处于害怕、绝望等失控情绪中，更有人用身体拼命地去撞击堵塞出口的岩石，几近崩溃，场面一时难以控制。

此时，小伟也处于几乎失控的状态，他觉得自己可能会死在这条隧道中。但是他转念一想，如果自己这样死去，父母会伤心欲绝，无力支撑整个家庭，更无法再供妹妹上学……想到这里，他慢慢地冷静了下来：一定要出去，绝不能死在这里！小伟安抚了一下自己的情绪，决定与大家一起努力走出困境。他控制住自己发颤的声音，努力使声音变得沉稳："大家冷静下来，其实我是新来的'工程师'，只要你们听我的，我们肯定都能走出去。"

黑暗中，人们渐渐地安静了下来。接着，小伟开始冷静地安排着："首先，现在隧道突然塌方，组织营救肯定需要一些时间；其次，我们不要再浪费自己的力气，即使我们再有力量也无法搬动那巨大的石块；最后，隧道里还有剩余的水，我们可以一起找，这些水足够我们支撑几天时间。"

第一章 摆正自控心态：别让失控的情绪害人又害己 | 17

其实，小伟并不是什么工程师，他是想让大家得到心理上的安慰。另外，他还隐瞒了自己身上有两个馒头的事情，而且他身上还有一块电子表，能够清楚地知道时间。

到了第三天的时候，隧道中依然没有一丝光亮。当大家饿得奄奄一息的时候，他将其中一个馒头分给几个人吃。到了第五天，终于隐约听到救援人员传来的声音。他急忙把另外一个馒头分给大家吃，然后让大家拿起工具，拼尽全力敲击巨石，告诉救援人员自己的位置。

得以生还的几个人怎么也没有想到，那个沉着冷静的"工程师"居然是一个刚来工地没几天的毛头小子。当记者采访他时，小伟只简单地说了一句："在遇到任何事情时，只有保持冷静，才能救得了自己和别人……"

在现实生活中，相比小伟那样生死攸关的事情，我们面对的通常都是可以正常化解的矛盾和问题，但是我们却往往冷静不下来，不能理性地对待和处理，而是任由情绪失控，最终走向极端，让局面变得更加糟糕。保持冷静，不仅是一个人综合素质的体现，更是一种睿智的处世态度。生活中有很多逆境，我们只有用冷静的态度去面对和处理才能转危为机，让我们远离情绪失控的状态。

《大学》中有这样一句话："静而后能安，安而后能虑，虑而后能得。"心无杂念，保持清醒，才能让自己心平气和地考虑接下来要做什么，深思熟虑后我们才会作出正确的决策，才能有所收获。

有句话说得好："我们在盛怒之下打出的每一拳，最终必定落到我们自己身上。"所以，只有学会让自己冷静下来，才能坦然面对生活中的风雨洗礼，才能享受人生，才能更理性地处理遇到的各种麻烦和问题。冷静如同夏夜里的阵阵凉风，让人感到清凉惬意；盛怒则像熊熊烈火，只会给我们带来毁灭。冷静如同雨后的彩虹，让人赏心悦目；盛怒则像长途跋涉者眼中的沙尘暴，只会让人一步步走向绝境。冷静与盛怒就像是一对死对头，水火不容。

相传有一位贤能而聪慧的皇后，她遇事总是相当冷静。有一次，皇帝因为宫人的失职而大发雷霆时，她也假装很生气。可是，她并没有遵从皇帝的命令责罚宫人，而是把惹皇帝生气的宫人交给负责执行刑罚的官员处理。当皇帝问她原因时，她和颜悦色地说道："皇上何必亲自处罚呢？把他们交给负责刑罚的官员，这样也不会让皇上背负坏名声。"听罢，皇上对她的做法赞不绝口。

皇后的冷静与理智的确让人佩服不已，在皇帝盛怒之下还能巧妙地说出自己的想法，不能不说是一种大智慧。所以，冷静的处事风格不仅能让人获得好名声，还给其他人树立了榜样。而盛怒却像一把锐利的刀子，它不仅会伤人伤己，还会带来许多不必要的麻烦与痛苦。

那么，当盛怒来袭时，我们如何才能让自己冷静下来，让自己远离情绪失控呢？

心理学家指出，当愤怒情绪来袭时，它比我们的认知控制功能发挥的作用要快得多。其实，在我们理性的大脑想要阻止发怒的时候，我们已经开始情绪失控了。"疗伤五法"能帮助我们找出愤怒的根源，进行根治，让我们真正冷静下来。具体分为以下五步：

第一步，在愤怒的火苗即将被点燃的时候，在脑海中搜寻能够让自己消除愤怒情绪的词语。如果对方的做法和言行令你相当生气，就把那个词想象在对方的脸上。

第二步，进行反省。通过自我反省找到深藏在愤怒情绪背后的"最深层伤痛"。比如，我现在相当无助，或者我被他人完全忽视。

第三步，寻找有意义的价值观。想想曾经因为哪些人或事而让我们的生活变得有意义，然后列出一个清单来：你爱的人或爱你的人、做过哪些有意义的事情、一直秉持的价值观（善良、勇敢等）。

第四步，懂得珍惜和爱惜自己。

第五步，解决问题。当完成了以上任务后，积极地解决造成愤怒情绪的矛盾和问题。

# 站在他人的角度看问题

小米是一名高三的学生，每天都在忙碌地复习。本想周末约上好朋友放松一天，班主任却通知补课，这让她大为恼火，同学们也是怨声载道。

放学回到家后，小米依旧满脸怒气。妈妈见状，开玩笑地说："在学校学习知识不应该都进入脑子里吗，你怎么都堆在脸上了？瞧瞧你的脸，都快扭曲变形了。"听了妈妈的戏谑，小米仍然高兴不起来，开始向妈妈抱怨道："周末本来就是休息时间，为什么班主任还让我们去补课呢？连休息的时间都没有了，快要把我们都逼疯了。"说完，她气得坐在沙发上，使劲地揉着抱枕。

妈妈听后，并没有直言劝解女儿，而是反问小米："你认为是在学校里上课舒服还是在家舒服呢？"小米立刻回答道："当然是在家里了，想都不用想嘛！"妈妈接着问道："那你想想，你们班主任是在学校讲课舒服，还是回家陪着家人舒服呢？"小米若有所思地答道："应该是陪家人吧。"

"那你们班主任为何还要放弃周末的休息时间，去给你们上课呢？"妈妈继续问道。

"临近高考了，老师想让我们掌握更多的知识点，以便迎战高考。"小米似乎不再那么生气了，语气缓和了很多。

妈妈依然问小米："那你认为你们班主任的做法对吗？"此时的小米似乎明白了班主任的良苦用心，没有正面回答妈妈的问题，而是对妈妈说："妈妈，我现在已经没那么生气了。今天晚上我要好好休息，明天早点回学校上课。"

这就是换位思考的力量，可以让我们在无形中渐渐消解自己的怒气。上文中的妈妈相当睿智，并没有像其他家长那样苦口婆心地说些"班主任都是为了你们好""班主任也很辛苦"之类的话，而是和女儿以聊天的方式沟通，让女儿换位思考，明白班主任的用心，最终的效果不言而喻：不仅让女儿的怒气逐渐消散，也让女儿更理解了班主任的辛苦。

在生活中，我们常常因为某些人或事而导致情绪低落、久久不能释怀，心存怨恨、抱怨不断。可以说，世界上最容易的事就是抱怨。每当出现问题时，我们总会习惯性地先看到别人的错处，而不懂得想一想自己是否也有问题。从孔子的"己所不欲，勿施于人"，到《马太福音》中的"你们愿意别人怎样待你，你们也要怎样待人"，这些先人智慧的结晶都在提醒我们：将心比心，换位思考，才会更好地调节我们的情绪，使我们远离情绪失控，保持积极平和的心态，让人际关系更加融洽。

一位歌手刚刚出道的时候总是"唯我独尊"，把一切都不放在眼里，上台唱歌时他的第一句话总是："大家好，我来了。"没过多久，这位歌手就在大众的视线中销声匿迹了。他一直生活在沮丧、抑郁、颓废的情绪中。蛰伏很久后，当他再次站在舞台上时说的第一句话是："谢谢大家，你们来了。"

看似简单的几个字，却能读出他心态的重要转变。目空一切、唯我独尊，换来的是众人的唾弃；而能够换位思考，站在观众的角度谦虚地作曲和唱歌，换来的是更多人的喜爱。

下班后，妻子正在厨房中忙着炒菜，而丈夫却在一边唠叨不停："赶紧把菜翻一下，火太大了，需要加一些鸡精或味精……"妻子非常不满，生气地说道："要不你来炒吧，我炒菜不用你总在旁边指点。"丈夫却平静地回答道："其实，我只想让你体会一下，我在开车时，你在旁边一直喋喋不休，我的感觉是怎样的……"

丈夫只是用生活中最真切的事例让妻子明白自己的立场和感受，希望她能换位思考，体谅一下自己。的确如此，当我们认真地站在他人的角度和立场来看问题时，就有可能在自己"山重水复疑无路"时进入"柳暗花明又一村"的境界。

所以，我们想要远离情绪失控，不妨尝试一下换位思考。对此，有心理学家给了我们以下几点建议：

一是加强沟通，坦诚相待。如果我们不想因为某人的言行举止而烦躁不安或情绪失控，首先需要做的就是与他人进行沟通，并坦诚相待。因为只有沟通后，才能明白对方的真实想法，才能消除误解。比如，我们可以先将自己的想法告诉对方，再礼貌地询问其建议和做法。

二是感受对方的心境和处境。每个人的处境和心境都是不同的，所以产生的想法也是不一样的。只有亲身感受到对方的处境和心境时，才能深刻了解对方，站在对方的角度思考问题。尤其当我们与他人产生矛盾和争执，使得自己怒火中烧或是情绪失控时，不妨站在对方的角度考虑一下。

就像上文中的妻子和丈夫，当丈夫在开车时，妻子在一旁喋喋不休。如果丈夫当面制止，只会让夫妻二人的矛盾不断扩大，并有可能演变成无休止的争吵。睿智的丈夫换了一个环境对妻子如法炮制，让妻子充分感受到自己当时的心境和处境。不仅避免了争吵，还促进了夫妻关系。

三是学会理解对方。因为理解对方，才会想人所想、将心比心，才会变得更宽容，才不会被对方的某句话或某件事激惹而情绪失控。

比如，当与他人起争执的时候，可以站在对方的立场上去理解他，可能他因为某些你不知道的原因而产生过激的言行举止。此时的你不妨转变态度，轻轻地问一句："你是不是身体不舒服?"这时，对方可能就会意识到自己的做法欠妥，也就不会剑拔弩张了。

# 懂得放下才能改善心情

在北宋初期，有一位著名的宰相叫吕蒙正。他待人一向厚道宽容，为百姓所称颂。

据传，在走马上任的第一天，当吕蒙正信步走在皇宫中的大殿上，准备接受任命的时候，却听到朝中官员对他议论纷纷，有人甚至直接不屑地说道："他有什么能耐呀？瞧他那模样，是不是靠关系才上来的？"

面对众人的议论和嘲讽，吕蒙正的好友十分生气和不满。可是，吕蒙正却好像没有听见似的，仍然不紧不慢地向前走，然后面不改色地站在属于自己的位置上。

这时好友依然心绪难平，他向吕蒙正耳语道："是谁在那里对你妄加议论，我一定要把他抓出来。"吕蒙正急忙制止了他，示意他不用追查。

下朝以后，吕蒙正的好友仍然气愤不已，后悔没在朝堂上抓住那个人。可是吕蒙正却心平气和地说："如果被你抓住了，我们知道了他的身份，只会让我们徒增负担，而且可能会一直记恨于心。这样看来，还不如不知道的好。"

其实，在日常生活中，我们只有懂得放下一些不必要的事情，才能改变心情，让自己远离坏情绪。就像上文中的吕蒙正，由于他懂得放下，对诽谤充耳不闻，才会让自己厚道宽容地待人处事，才会成为一代名相，为世人所称颂。

懂得放下，不仅是一种解脱，还是一种生活态度，一种释放压力的方式。在现如今竞争激烈的社会中，很多人都会因人际关系和工作环境等问题而产生压力，使自己的情绪深受影响，郁闷、烦躁、不满等不良情绪逐渐累积。遇到这些情况，我们只有让自己放下心理负担，才能胸怀坦荡，从容地面对一切，才不会受其影响，越陷越深。

在生活和工作中，我们时常会听到有人抱怨："我好担心呀""做这份工作压力好大啊""心情真的烦躁啊"等等。在快节奏的社会中，我们总会面对各种各样的压力，会让我们的身心承受很大的负荷：年少的时候，我们会为学习和成长而烦恼；步入成年，我们会为生活和工作而奔走，身心俱疲；进入老年，我们会为儿女而操心、忧虑。

但是，如果我们懂得放下，试着改变心情，结果就会变得不一样：当我们因学习、工作、生活等心力交瘁时，何不放缓自己的脚步，在前行的道路上丢掉一些负担，让自己歇一歇，重新梳理自己的思路和想法。这样一来，自然会让我们"定而后能静，静而后能安，安而后能虑，虑而后能得"，从而让我们重新鼓舞斗志，奋勇向前。

所以，不管我们面对何种烦恼和不快，都是因为我们不懂得如何放下，让身心背负了太重的包袱前行，才会让我们变得越来越烦躁不安、越来越心力交瘁。所谓"智者无为，愚人自缚"，由于我们总是喜欢给自己套上心灵的枷锁，才会让精神徒增更多的压力。只有懂得放下、改变心情，才会让我们豁然开朗，才会感到如释重负、异常轻松。

有一位年轻人，每天总是愁眉不展、疲惫不堪。他向一位智者请教："如何才能让自己的心情变得好起来呢?"

智者微笑着对他说："现在把你的拳头握紧了,告诉我你的真实感受。"年轻人便乖乖地握紧拳头,并对智者说："感觉十分累。"智者接着说道："那你再用力握紧些,会有什么感受呢?"这时,年轻人握得更紧了,由于用力过猛,脸不由得涨红了。他声音有些发颤地说："现在更累了,而且感到有些喘不上来气来。"

智者听闻,便对他说："慢慢地打开你的拳头吧,现在感受如何呢?"年轻人长出一口气道："说不出来的轻松。"智者微笑着说道："当你感觉疲惫不堪和抑郁时,抓得越紧,只会让你感到越疲倦。但是,慢慢地放下,你会感到身心释然。"

的确,当我们想要拥有更多时,烦恼和忧愁就会常常郁结于心,会让我们变得心绪不宁。因为一味地追求不属于自己的东西,只会让我们徒增烦恼。紧握自己的双手,其实我们什么也得不到;但是摊开双手,世界就在我们手中。因此,只有懂得放下,我们才能改变心情,享受生活。

# 用乐观看待一切

她是一位热爱艺术的画家，虽然是一位不能言语的残障者，但是却通过一幅幅明朗灿烂的画来与他人分享自己的快乐，让很多的不可能变成可能，她就是传奇人物黄美廉。

黄美廉在刚刚出生时，由于脑部缺氧而患上了脑性麻痹症，导致她的五官扭曲、肢体不受控制、会不时地抖动，说话也变得很困难，走路不能走直线。在妈妈带着她四处求医时，遭遇众人的不解和白眼，认为她是一个"怪物"。

不能讲话的黄美廉用笔来代替自己说话，用画笔与他人分享自己的快乐和自信，还依靠顽强的意志和毅力证明了，虽然自己与别人不一样，但依然可以活得很精彩：她考上了美国加州大学，并获得艺术博士学位。她曾乐观地表示，她并不会因为自己的残缺而抑郁或失落，她会把这一切当成是上帝通过她来帮助更多失落、有需要的人。

在一次演讲时，有个学生冒失地问她，从小长成这个样子，是怎么看待自己的。虽然有些人对那个学生的提问表示很生气，但黄美廉却不介意，也没有半点不开心，只见她在黑板上写下几行字：我会画画，会写稿；爸妈很爱我；我很可爱；我有一只可爱的猫……

当众人都对她乐观的心态报以热烈的掌声时，她又在黑板上了写了一句结语：我只看我所拥有的，不看我所没有的。

其实，所谓的乐观心态与外在环境是没有关系的，重要的是我们内心的自我肯定。只有乐观地看待一切，才会让我们远离情绪失控。

在别人眼中，黄美廉是存在缺憾的，也有失礼的人对她指指点点。但是对于黄美廉自己来说，她肯定自我，保持乐观的心态，以平常心面对一切，所以她能发现人生更多的美好。

在生活中，我们总会遇到各种挫折、困难、麻烦，当我们身处困境中时，不妨尝试着用乐观的态度去面对。明末清初的文学家李渔曾说："乐不在外而在心，则是境皆乐，心以为苦，则无境不苦。"意思就是告诉我们，面对烦恼与快乐，不要受外在环境的影响，而是要听从自己的内心。当我们抱着乐观心态去面对一切时，就会发现一切都是美好的。

其实，我们的生活犹如一面镜子，你对它暴跳如雷，它也对你剑拔弩张；你对它笑脸相迎，它也对你喜笑颜开。生活中的很多境遇是我们无法预料和选择的，但是我们可以选择以什么样的心态去面对。比如参加一场考试，虽然我们精心准备，却考得并不理想，但是我们可以乐观地想：这次虽然考不好，但积累了更多的经验、了解了更多的题型，下一次肯定能考好。

乐观是一种积极向上的心态，它能够让人坦然地面对生活中的各种烦恼和不快。人只有为自己找出各种借口和理由来证明自己的现在比以往更好，才能积极地解决各种心理和现实问题，勇敢地创造未来。

乐观开朗的心态也是身心健康的保证。古人云："乐而忘忧。"《黄帝内经》中也提出："喜则气和志达。"可见，乐观的心态不仅可以让我们忘却烦恼和忧愁，还可以让我们的身体运行顺畅。更有医学专家表示，乐观对人体生理方面有着促进的作用，既可以摒除不利于人体的精神因素，也能让人体内的气血运行通畅，有益于身心健康。

如果我们想要拥有乐观的心态，首先要明白什么是乐观。乐观是指无论面对什么样的情况和际遇，都抱着良好的心态去面对。心理学家对乐观的诠释是：一种积极向上的生活态度，安乐满足的内在感受。当我们乐观地看待一切时，总会心存满足，收获更多的快乐。

第二章

调节自控情绪：能理性地处理好各种问题

# 得饶人处且饶人

电影《中国合伙人》中有一段情节让人印象深刻：成东青、孟晓骏、王阳三个好兄弟一起创业，但后来因为处世方式和价值观不同，三个人在大吵一架后分道扬镳了。再后来，"新梦想"学校惹上了官司。就在成东青孤立无援最危急的时刻，另外两个好兄弟又回到他身边，愿意和他一起共渡难关。

不计前嫌的故事不仅发生在电影里，在我们的生活里同样比比皆是。春秋时期，齐桓公重用曾经暗杀过自己的管仲，这是一种不计前嫌；功成名就以后的梅兰芳能够主动照顾曾经把他轰出师门的恩师，这是一种不计前嫌；一个好心的女孩被摔倒的老人诬陷，真相大白后反而向住院的老人捐了1000多元，这同样是一种不计前嫌。

不计前嫌不仅仅是宽恕和谅解，很多时候它还意味着冰释前嫌，甚至是以德报怨。在生活中，忘掉一个人的过错其实并不难，难的是仍能以一颗慈悲的善心去面对那些伤害过我们的人。

朱莉亚如今已经年过六旬。她曾经嫁过一名伐木工人。婚后的生活不算幸福，丈夫贪杯以及酒后打人的坏习惯始终困扰着她，但为了家庭的完整，她都忍了下来。

后来，她丈夫丢了工作。朱莉亚靠做小生意赚钱来维持家庭生活。每天的生意都由她自己打理，丈夫从来不管不问，仍旧每天喝得烂醉如泥。有一年圣诞节，丈夫在酒醉后打伤了她的脑袋。这让她彻底绝望了，终于下定决心选择离婚。

离婚三年后，有一次，她从别人那里得知前夫突然失踪了。原来，他在酒后突发脑出血，晕倒在路上后进了医院。朱莉亚来到医院，找到神志不清的前夫，并拿出自己的积蓄给他治病，后来还把他接回家中。

前夫患病后，生活不能自理，全要靠朱莉亚照顾。虽然辛劳，但朱莉亚却释然了许多。她说："我和他毕竟曾是夫妻，他虽然做过伤害我的事，可我们一起走过了那么多岁月。他如今遇到了困难，我不能坐视不管，要不然，他就彻底完了。"

在她的努力下，前夫的身体一天天好转，他对自己曾经犯下的错感到深深的内疚。

面对一个和自己已经毫无瓜葛的、生病不能自理的男人，朱莉亚完全可以置之不理，特别是这个男人还曾经深深伤害过她。但是，良心却让她不计前嫌，全心全意地照顾这个曾经可恶、现在可怜的男人。尽管他们最终没有复婚，但是一个悲剧能以这样的结局收场也算是一种圆满。这不仅体现了朱莉亚大度的胸怀，更体现出人性中的真善美。

我们不要总念念不忘于别人的"不好"，应该更多地想到别人的"好"。这不仅能使我们的生活变得和谐，而且对我们的事业发展同样非常重要。

尼万斯离开苹果公司已经有十年时间了。当初他选择离开时，乔布斯和人力资源部部长盖勒对他苦苦挽留，但都没有奏效。

十年后，尼万斯深深感觉到自己当初离开苹果公司实在是一个错误，并希望回到公司继续工作。但是，他的复职申请被盖勒拒绝了。

不久后，乔布斯在研发一个项目时突然想到，尼万斯恰好适合这个项目，如果有他的参与一定能攻克技术上的难关。但盖勒仍然坚持，一个人必须为自己的"背叛"付出代价，这是他应有的下场，他没有资格再回来。

于是，乔布斯劝解道："每位员工都是公司的无价之宝，一旦被竞争对手挖走，损失将不可估量。他重返公司，不仅会让团队增加一位顶尖的人才，还能削弱竞争对手的力量，何乐而不为呢？"

后来，尼万斯终于如愿以偿，回到了苹果公司，而且比以前工作更卖力了。从那之后，鼓励离职的老员工重返公司，成为苹果公司一项极具特色的人事制度。正如现任苹果公司首席执行官（CEO）库克所说："简单地以道德的眼光去审视员工的跳槽行为，将跳槽者列入黑名单，对于员工和公司而言都没什么好处。而宽容他们，给他们返岗的机会，也是给苹果公司机会。"

当然，不计前嫌并非没有底线的妥协，而是要我们搁置不愉快的经历，以宽广的胸怀去包容往日的恩怨。不睚眦必报、不落井下石，甚至还要学会以德报怨。即使我们的好心不能得到善果，至少对得起自己的良心。

吴承恩在《西游记》中写过一句话："遇方便时行方便，得饶人处且饶人。"不计前嫌是成大事者的心态，人世间的任何一种旧恶都有重新来过的机会。很多时候，别人也未必是真的错，可能只是彼此之间的价值观存在差异罢了。假使对方真的错了，只要有诚心悔改之意，我们也没有不去饶恕的理由。

# 世界因你的微笑而改变

快乐与幸福可以说是世人所追求的最理想的生活状态，无论路途中遭遇多少坎坷，人生最终的目的都是获得快乐和幸福。长期抱怨的人，很容易犯一个错误，那就是助长自己的消极想法，他们不会快乐，也不会幸福。有人曾经这样说过："我知道我不该抱怨、不该生气，但我不知道该怎样让自己不去抱怨、不去生气。这该如何是好呢？"

其实，有一个方法可以帮你解决这个问题，那就是微笑。人生，每天不一定都能快乐，但如果碰到了烦恼的事情，记得给自己一个微笑；碰到了生气的事情，给自己一个微笑，起码能让自己有一个好心情。

因为每个人的经历和对快乐的定义不同，所以快乐因人而异。乐观主义者说："人活着，就有希望，有了希望就能获得幸福。"他们能在平淡无奇的生活中品尝到甘甜，因而快乐如清泉，时刻滋润着他们的心田。微笑，本身就是一种感情交流的美好状态，对别人真诚地微笑，体现了一个人热情、乐观的心态；对自己微笑，则是一份乐观的自信，让我们的心灵一直生活在愉悦之中。

那些不善于微笑的人，总是悲观地看待周围的一切，结果就被悲观淹没了。

乐观开朗的小赵大学毕业后，应聘去了北京的一家大型外贸公司。上班的第一天，小赵非常谨慎，虽然公司离住的地方不远，但他为了给公司的人留下一个好印象，还是早早起床洗漱，之后穿上一套职业装，把自己打扮得非常精神。

他本以为这样做可以引起公司领导和同事们的注意，但事与愿违，到了公司之后，人力资源部经理把他领到其所工作的后勤部之后，就再也没有搭理他，同一部门的同事们也没有人主动跟他交流。

小赵在座位上等待部门经理安排任务，可是等了半天经理也没有来，他只好自己去找。部门经理对他说："小赵啊，你去把饮水机的水换一换，再去帮大家买些充值卡，捎带着把大家的午饭买回来……"

从此，小赵就开始做这些琐碎的事情。过了一阵，小赵感到非常郁闷和无奈，他也不知道该如何是好，拒绝吧，又担心部门经理会生气。本来对于他来说，帮助同事是非常乐意的一件事情，可是没有一个人说声谢谢，没有人对他的行为表示肯定。更让他生气的是，仿佛这些琐碎的事情在同事眼中都是他的"本职工作"。对此，小赵失落了好几天，脸上根本没有一丝笑容，心里也一直抱怨部门经理不"体察民情"。就这样，小赵在压抑和抱怨中工作了几个月时间，最后辞职走人。

此后，小赵的情绪一直很坏，在求职中屡屡碰壁，完全没有了当初的劲头与信心，原本一个乐观开朗的小伙子变成了满腹牢骚的人。

小赵是职场新人，由于没有经验，所以未处理好与上司、同事的关系，因而心生抱怨。但抱怨根本解决不了问题，相反，还会让自己的心情一直低落，而感觉不到快乐。我们周围还有很多像小赵一样的人，抱怨生活不公平、不如意，总是跨不过那扇快乐之门，一直生活在抑郁、忧伤之中。

人活一世，肯定会遇到各种各样的情况，其中肯定会有让我们感到心烦、令我们抱怨的事情，但这就是生活。很多人在面临这种情况的时候，常常会显得非常低落，甚至是手足无措，爱抱怨、发牢骚。如果你整天沉溺在自己悲伤的情绪中，或者沉浸在无边的恼怒之中，你就永远也发现不了快乐。

所以说，爱抱怨其实是很愚蠢的。要解决这个问题非常简单，不管什么时候，不管面临怎样的情况，只要我们能够始终保持微笑就好了。微笑具有不可估量的力量，当你对一个人微笑时，他也会还你一个微笑，你们彼此都会获得一个好心情。

世界因你的微笑而改变，生活因你的"毫无怨言"而变得更加美好。

小刘是一家金融投资公司的部门经理，在同事们看来，他总是深沉而严肃，一天到晚脸上难以出现一丝笑容。正是由于这个原因，他没有亲密的朋友，更没有谈得来的同事。

他的个人生活也非常糟糕，与太太结婚十多年，日子过得非常枯燥无味。太太这么多年来也难得看到他微笑一次，为此太太不止一次地抱怨过他。

一天早晨，小刘照例洗漱完准备上班。突然，他从镜子里看到自己绷得紧紧的脸孔，感觉非常僵硬。他吃了一惊，心中开始不安，最后决定去看心理医生，他将自己的苦水倾倒了出来。医生建议他多微笑，逢人就微笑。

看过医生后，小刘尽量按医生的要求做。清晨，太太叫他吃早餐，他立刻高兴地回答："我马上来。谢谢你天天为我做早餐，你辛苦了。"说着便满脸笑容地走了过去。他的太太愣了，没想到他今天会跟往常不一样。不过，她还是高兴地说："你今天是不是遇到好事情了？"他愉快地回答说："从今天开始，我们都要生活在喜气洋洋的氛围中。"

来到公司后，小刘微笑着向同事们打招呼。大家在诧异和好奇中慢慢接受了他的转变，并对他报以微笑。慢慢地，他跟同事们打成了一片，无形之中关系拉近了不少。如今的小刘跟之前完全是两个人，之前他深沉、严肃，而现在他快乐、充实，感觉自己充满了能量。

如果你能意识到自己不该抱怨的话，那就应该时刻保持微笑、积极调控情绪，多跟积极阳光的朋友来往，每一天都在愉快的气氛中度过。

无论生活给了你多少失落和波折、人生给了你多少辛酸，只要你回报一个微笑，让微笑的花朵永不凋谢，那么你就能拥有内心的宁静与淡然。给生命一个微笑，你的生命将因微笑而精彩，你的微笑同时也将因生命而美丽。

# 抱怨使生活失去光彩

曾看到过一句话：读喜欢的书，爱喜欢的人。如此简单，如此美好。像午后窗栏下慢慢呈现于绣布上的幽兰，两三笔，几片叶，甚是简洁，甚是美好。又或像闲坐躺椅，以书盖脸，短短一个盹儿，合着一帘清梦，遨游天地。梦醒，情景已模糊不堪，但也无妨！

我们常常觉得累，痛苦与焦虑甚至抱怨都在不经意间占据了我们的心灵，让我们的负面情绪越积越多，最终难以自拔。其中固然有世事变化无常的原因，但更重要的一个原因则是我们走入了一个误区——放大了痛苦与焦虑。很多时候，我们面临不幸，痛苦被放大，抱怨越来越多，心情也越来越糟糕。

古时候，同村的两个秀才一起赶赴京城参加科举考试，两人在一个小店租了一间屋子同住。就在考试的前一天晚上，这家店被小偷"光顾"了。这两个秀才也不例外，他们身上的钱财以及包袱里的衣服都被小偷偷走了，致使他们一无所有。

在这种打击面前，两个秀才却有着不同的心态。甲秀才想："这也许是上天对我的一次重大考验吧！'天将降大任于斯人也，必先苦其心志。'或许这次我就能考上。"想到这里，他把钱财、衣服被盗的事情都抛到脑后，然后安心地睡了一觉，第二天精神抖擞地走进考场，结果金榜题名。

而乙秀才则想："这下子全完了，要是这次没考上，又没了盘缠，该怎么回家、怎么面对父老乡亲呢？"他还不断地抱怨小偷，整晚都想着这些事情，第二天心事重重地走进考场，结果名落孙山。

甲秀才之所以能金榜题名，一个重要原因就是他乐观的心态，这使他能缩小痛苦、放大快乐。相反，乙秀才之所以榜上无名是因为其心事重重，凭空增加了自己的心理负担，放大了痛苦。

在上班的路上，遇到了堵车可能会迟到，这是一件很普通的事情。可是，有的人偏偏会进行无限联想：迟到了不仅会被批评，而且还会扣奖金，影响到年终考核，甚至影响到晋升……根据这个逻辑，可以想象这样的人该有多么痛苦、活得该有多么辛苦。

选择了放大痛苦，那么痛苦就会占据你的视野，坏情绪也会随之放大。在人生路上，背着这么大的痛苦上路，被这么大的坏情绪影响，你的脚步会越来越沉重，路也会越走越窄。

孩子感冒了，焦急的母亲一边守着孩子，一边又着急地想道：孩子的学习肯定会被耽误，肯定会影响期末成绩，肯定会影响升学，肯定会影响就业……在她看来，一场病就会耽误孩子的一生。这种"破坏性"的联想实在要不得。

卢梭说过："除了身体的痛苦和良心的责备以外，一切痛苦都是想象出来的。"有时候，那些让人伤心、痛苦、焦虑的事情并非有多么严重，只不过有些人爱瞎琢磨，会"想象"出很多痛苦来。

有一天，一位老妇人不小心将一个鸡蛋打破了。本来一个鸡蛋破了也不是什么大事，可是这个老妇人却觉得自己受到了不可估量的损失。她心想：如果这个鸡蛋没有破碎，那么可以孵化出一只小鸡。如果孵化出来的是母鸡，那么它长大后又会产下很多蛋，那些蛋又可以孵化出很多小鸡。鸡生蛋、蛋生鸡，这样下去的话，我岂不是失去了一个养鸡场？最后，老妇人痛苦万分。

　　这听起来似乎太夸张了，但生活中这样的人偏偏还很多。他们把原本的小痛苦无限放大，结果自己沉溺其中、不能自拔。

　　心理学家曾做过一个有趣的实验，目的是研究人们常常忧虑的令人烦恼的问题。心理学家要求实验者在周末晚上将未来一周内所有的忧虑和烦恼都写下来，然后投入到一个指定的"烦恼箱"里。三个星期之后，心理学家打开了这个"烦恼箱"。经过核实发现，很多人的"烦恼"并没有出现在生活中。由此看出，烦恼真是人们自己想象出来的。

　　放大痛苦的人爱抱怨，因为他们没有认识到痛苦与挫折的客观性。其实，遭受挫折是一件十分平常的事，这本就是生活的一部分。没有挫折，人的生活是不完美的。

　　放大痛苦的人爱抱怨，因为他们没有找到背后的心理原因，他们不知道是否是自己太过追求完美、是否太看重事情的结果、是否太注重他人的评价等。

　　放大痛苦的人爱抱怨，因为他们没有正视现实的压力。苦恼的产生，常常由于生活中有一些我们不愿面对的现实压力、心理冲突，如婚姻中的矛盾、工作中的压力、人际交往的冲突等。人们由于一时束手无策，所以才滋生了抱怨心理。我们要做的是学会正视它们，并及时解决它们。

　　放大快乐，就是珍惜眼前每一个小小的快乐。清晨起床，拉开窗帘，看到的是好天气；上下班的时候没有堵车；工作的时候被领导赞扬了一句；奖金涨了100元……这些都是值得我们快乐的理由，将它们当作很大的快乐来对待，我们就能从中获得持久的回味。

　　一个人的快乐程度，并不是由他拥有多少财富决定的，而是取决于他看待生活的方式。一个悲观的人，即使腰缠万贯也会每日忐忑不安；而一个乐观的人，即使收入有限也能享受生活的乐趣。缩小痛苦，放大快乐，其实这就是我们要选择的生活态度。即便人生有些许遗憾，但它仍会是美丽和精彩的。

# 用乐观的情绪看待人生

国学大师翟鸿桑在一次讲座中这样说，思考力不仅仅是用脑袋，而是用心性来思考。中国的传统文化这个"心"，不是指心脏，而是心智模式、心性……看到这张脸就知道你的内在，这是很关键的。相由心生，改变内在才能改变面容。一颗阴暗的心托不起一张灿烂的脸。有爱心必有和气，有和气必有愉色，有愉色也必有婉容。

这段话实际上是告诉我们，人外在的一切表现都是由人心所生：快乐、悲伤、烦恼、痛苦的表情皆是内心的反映，它不受外界任何因素的制约。对于同样的事物，人的心态不同，其结果也是不同的。

从前有一个小和尚，他刚到一个寺庙不久，老和尚分配给他的任务便是每天把寺庙的院落清扫干净。

时值秋季，寺院里面有很多落叶。所以，清扫这些落叶便成了一件苦差事，小和尚每天都要花费很多的时间才可以将落叶清扫完毕。但是，每一次秋风过后，落叶便又再次飘舞飞落，小和尚还需继续打扫，这让他痛苦不已。

其他的和尚给他出主意："你每天在扫院落前先用力摇树，把那些将落的叶子晃下来，那清扫一次后便有一阵子不用打扫啦！"小和尚觉得非常有道理，于是按照这个方法实行了。他清晨起了个大早，奋力摇树，然后自认为把今明两天的落叶都一次清扫干净了，这让他一整天都心情大好。

谁知第二天小和尚刚到院子里便傻眼了，落叶依旧铺满地。这个时候老和尚走了过来，垂眉低语道："无论你今天如何用力，明天的落叶依旧会飘落的。"小和尚听了终于顿悟，是啊！世界上的很多事情是不能提前的，认真做好当下才是最为真实的人生态度。忽然间，小和尚的内心产生了一种满足和快乐感，他内心所有的苦恼、疲惫、绝望统统消失得无影无踪……小和尚认识到了清扫落叶这份苦役蕴含的哲理，于是不再抱怨和焦虑了。

小和尚先后做的是同样的事情，但是由于不同的心态，其结果也不同。当他将清扫落叶当作一种苦役时，心中就充满了烦恼、痛苦和绝望；当他将清扫落叶当作一件有意义的事时，心中便充满了满足和快乐，最终也获得了心灵的解脱。

由此可见，任何烦恼和快乐都是由我们的内心决定的。如果我们用悲观的心态看待事物，最终得到的会是烦恼和痛苦；而当我们用乐观的心态看待事物时，就能够得到快乐和满足。

约翰·杰西已经过了不惑之年，他最为在乎和担心的是自己两个可爱的儿子。他们虽年龄相仿，但是脾气、秉性却大相径庭。大儿子路易斯生来悲观，总是一副忧心忡忡的样子；而二儿子亚德却生来活泼，每天都乐呵呵的。为了让路易斯快乐起来，约翰平时对他加倍偏爱。

有一年的圣诞节前夕，约翰·杰西想试试自己的两个孩子，便特意给他们准备了完全不同的礼物，在夜里悄悄地挂到圣诞树上。第二天早晨，哥儿俩早早地起床，兴致勃勃地想知道圣诞老人给自己的礼物。

哥哥路易斯收到了很多礼物，足球、崭新的自行车、玩具枪、羊皮手套等，可是他一件件取出的时候却越来越不高兴。

于是父亲问道："怎么，这些礼物你都不喜欢吗?"路易斯难过地说："你看这玩具枪，若是我拿出去玩，说不定会因为打碎邻居家的玻璃而招致一通责骂。这自行车虽然漂亮，我骑着出门也会高兴，但若是撞在树干上我受了伤可怎么得了。这羊皮手套虽然好，但是保不准我戴着出门就会挂在树枝上，也会增添许多烦恼。足球更不要说了，我总有一天会把它踢爆的，到时候可怎么办啊！"说完竟大哭起来。父亲看到这些，什么都没有说便出去了。

刚一出门，他便看到小儿子拿着自己给他的一个纸包笑个不停。父亲大惑不解，因为纸包里面什么都没有，只有一包马粪。父亲实在不明白小儿子圣诞节收到这一包马粪作为礼物如何能笑得这么开心。于是父亲问小儿子："你为什么这么高兴？"他边笑边说："我的礼物是一包马粪，我想一定有一匹小马驹在我们家里呢。"随后他开始寻找，果然在自己家屋后面找到了一匹小马驹，随后亚德开心地大跳大笑，父亲见此场景，也开心地笑了起来。

快乐或悲伤完全取决于我们的内心，拥有乐观情绪的人无论看到什么都能看到光明的一面，而拥有悲观心理的人总是抓着黑暗的那一面不放，得到什么都不会快乐。快乐源自于内心，并非是可以通过外界的一切金钱财物才能得到的；而悲观却是由自己酝酿而成的，如同苦酒一般，自酿自尝，不能怨周围的一切人和事物。

在生活中，我们内心忧虑最大的来源并不是外界的"危险信号"，而是我们内心的一些想法。比如：我们总是会担心失业、担心身体的一些疾病、担心意外的事件等。我们的内心似乎潜在地灌输给我们一个想法："我们必须循序渐进按照我们的内心想象而生活，要平安且不要有太多麻烦和困难，一旦超出了这个范围，我们便无法接受了。"我们要知道，我们这样烦恼是不能改变任何事实的。

生命匆匆，只是一个过程而已。快乐是一天，悲伤也是一天，与其在烦恼和痛苦中度过，不如快乐、幸福地活。

我们要想获得更多的快乐，就应该早一些摒弃内心的烦恼和痛苦，将内心阴郁的情绪打扫干净，迎接新的快乐及幸福的阳光。

## 注意微小的不良情绪

"一只蝴蝶在南美洲亚马孙河流域热带雨林中扇动翅膀,导致了两周后美国得克萨斯州的龙卷风。"这就是混沌学中著名的"蝴蝶效应"。而情绪中的"蝴蝶效应"则是指不注意微小的不良情绪就很可能酿成大祸。

每个人都可以是亚马孙的蝴蝶。丈夫责怪妻子,妻子把怒气撒在孩子身上,孩子在如此环境下长大,性格变得怪异,反过来会抱怨父母。上司责罚经理,经理责骂员工,敢怒不敢言的员工把气转移到顾客身上,顾客投诉,公司声誉受影响。在我们身边,随时随地都上演着一幕幕"蝴蝶效应"。

邻里关系虽然与家庭幸福感没有直接关联,但却可以起到锦上添花的作用。

小张住在一个小区一楼,对面最近新搬来了一户人家。小张住在这里已有三四年,为了表示欢迎,小张主动到邻居家去串门,邻居也表示了热情,之后两家偶尔会走动。

渐渐地,小张开始对邻居产生不满。小张与对面人家共用一个楼道,在对面尚未住人时,楼道里十分空旷,进进出出也方便。可是邻居习惯把垃圾放到楼道间,有时留存一两天才扔掉,一些生活垃圾甚至还散发出异味。

　　即使垃圾桶离房子有一定的距离，也应该及时把垃圾处理掉，以免招来蚊子或是其他害虫。小张觉得这是常识，每个人都应该懂。他想也许是邻居刚搬来不久，家里事情太多，忙不过来。可是一个月、两个月，直到夏天来了，邻居仍然照旧。

　　小张假装无意间对邻居提起楼道不能堆放垃圾，邻居当时也赞同他的说法，可是事后仍不见邻居有所改变。小张有些不能忍了，准备直接去邻居家理论，家人认为不妥，毕竟抬头不见低头见，担心与邻居产生嫌隙，到时就不好相处了。小张与家人商量了一下，决定请求管理楼房的物业人员帮助。

　　在物业人员找上邻居家后，邻居确实听取了物业人员的建议，每天及时处理垃圾。只是好景不长，没过几天，邻居又开始把垃圾留放在楼道间。在高温的作用下，垃圾散发着恶臭。

　　小张强忍着怒气，敲开邻居家的门，直接对邻居强调垃圾不能放在楼道间。邻居答应了，语气却有一丝不耐烦。之后邻居确实做到了。

　　尽管两家的关系紧张了很多，然而能恢复楼道的干净整洁，小张还是很高兴的。

　　小张每天骑摩托车上下班，因为没有买车位，摩托车就停在家里。一天，当他下班回家时，发现楼道间停了一辆三轮车。小张认得这辆三轮车，是邻居的。本就不宽敞的楼道因为三轮车的停放而变得更加拥挤，小张尝试把自己的摩托车直接开进去，但尝试了很多次还是不可行。小张只好下车先把邻居的三轮车推出楼道，然后再把摩托车开进家里，最后又把三轮车推回楼道。

　　如果是几次小张还能忍，可是接连两三个星期了，邻居的三轮车还稳稳地放在楼道间。一天，小张索性把三轮车推到楼道外面，没再推回来。

当晚下了一场大雨，第二天一大早，邻居敲开了小张家的门。三轮车不见了，确切地说是在晚上被偷了。面对邻居的责骂索赔，小张终究没能忍住，与邻居大打出手，结果双方都伤得很重。

在互联网非常发达的今天，一些类似的事情屡见不鲜。因一句话而动手伤人最后受到法律制裁；因一时好奇而染上毒瘾最终家破人亡，虽然常见却仍旧让人心惊。联系具有普遍性，"因为掉了一颗钉子就掉了一只马掌，丢了一只马掌就毁了一匹战马，毁了一匹战马就输了一场战争，输了一场战争就丢了一座城池，丢了一座城池就输了一个国家"。情绪的相互传递与相互影响，同样可以掀起一场风暴，导致或轻或重的心理疾病。重视自己的情绪，及时排解不良情绪，远离情绪风暴，需要注意以下几点：

1. 有意识保持友好的邻里关系

邻里关系是一种特殊的存在，"千金难买好邻居"，足见邻居的重要性。处理好邻里关系，在平常有需要时互借个东西、遇到急事时互相帮个忙，生活会方便很多。

2. 保持良好的卫生习惯

保持良好的卫生习惯，特别是在公共空间，如走廊楼梯不堆放杂物、不囤积垃圾，如果碰到放垃圾的邻居，你可悄悄把它放到垃圾箱，以自己的实际行动来"说服"邻居。

3. 在交往中相互尊重与谅解

相互尊重与理解是人与人交往的基本原则，也适用于邻里之间。距离近会拉近彼此间的距离，同时产生摩擦的概率也会更大，这就需要彼此间更多的谅解。

4. 就事论事，用行动说服邻居

学会微笑，热情回应邻居的打招呼。当邻居的言行让自己极其不满时，要克制自己，不要冲动，就事论事，让对方感受到他的言行确实给你带来了很大困扰，他就会做出相应的改善。

维持一段关系极为不易，毁掉一段关系却很容易。因此，注重细节是必不可少的。在理解的基础上适时表达自己对邻居的关心，会为彼此的生活添加一味愉悦剂。

# 不乱发脾气

爱发脾气的人就像一颗定时炸弹，一不小心便可能伤害自己且殃及周遭的人。脾气不好的人，常常会因为一点点小事而闹情绪。不看场合、不分事情轻重、不辨对错乱发脾气，不但有失修养，同时也会让他人敬而远之。每个人都有脾气，但没有人愿意与一个脾气不稳定的人深入交往。

如果家里有一个脾气大的人，那么将会不得安宁。他会任意数落自己的家人和孩子，而原本高兴的一家人也会因他的负面情绪而心情糟糕。脾气不好的人在工作中也容易碰壁，与领导、同事时常发生冲突，这样的人不但惹人厌，而且还有可能因此而丢掉自己的工作。

坏脾气其实是一种不自爱的不良习惯。无论是大事还是小事，总会有让自己不顺心的因素。你不必强制自己去喜欢那些你不认同的人或事，但要明白他人有权选择自己喜欢的人与事。不要把纯净的心灵变成情绪的垃圾桶，不把别人的不是全兜在心里，自己的心要自己爱护。

作为家里的独子，小宋从小便受尽了宠爱。无论要求是否合理，只要是他想要的，家人便想尽一切办法满足他。还是儿童时代的小宋，跟别的小孩打闹，不管是否是小宋的错，他的家人总会偏袒他，为他出头。而任性、自私、爱发脾气的小宋，却被家人无限包容着。

随着年龄的增长，小宋的小性子没有丝毫收敛，甚至更为暴烈。只要稍有不如意，他就会大发脾气。小宋的家人有时也觉得他脾气太暴，但却想不出更好的办法来让他冷静，只得哄着他。小宋的表现偶尔显得太糟糕，家人也会说他两句，可小宋不但对劝说不以为意，还会顶嘴。不只是在家里，小宋的臭脾气在学校也是出了名的。与同学一言不合就打架，对老师的教诲也是左耳朵进右耳朵出。小宋在学校爱闹事，老师管不了，只得打电话给他的家长。小宋的家人频繁出入学校，却没有起什么作用。

性格一旦形成，是不容易改变的。当小宋不断闯祸，甚至多次犯下较为严重的错误时，家人才悔悟从小对小宋太过骄纵与宠溺。小时候的小宋会因生气而砸碎邻居家的玻璃，少年时的小宋会因生气而砸坏对方的小车，如今成年后的小宋会因生气而随手拿起身边的东西砸向对方的身体。在小宋砸伤他人的同时，自己也免不了受伤。家人劝说无效，最终狠下心痛打了小宋一顿，而效果却适得其反。在一次与家人大闹后，小宋一气之下离家出走，之后与他人发生矛盾，受了重伤，性命垂危。

没有人从来都不发脾气，当你感到愤怒，对身边的人或事感到不能容忍时，你便会发泄情绪。发脾气是生活中不可或缺的一部分，它可能出现在你赶时间却被车流堵住时，也有可能出现在你与家人吵架时，还有可能出现在你与同事闹矛盾时。只要是正常的人，便会产生情绪波动。只是，不乱发脾气是一个人成熟的标志。当你能够克制自己的冲动，控制自己的情绪，理智地对待让自己发狂的事或人时，你便可称为是一个身心自由的人了。

如果你止不住发脾气，待冷静后，便要对自己生气的原因作认真的反思，明白乱发脾气的原因及代价。你也可以寻找信任之人进行监督，让他在你失控时及时提醒你。通过多次实践，定会有所收获。

　　发脾气是无师自通的一件事，从小孩到老人，不管何种学历和背景，谁都有生气的时候。但发脾气往往会把事情越弄越糟，只有不乱发脾气才能更好地解决问题。

# 做到能屈能伸

古今中外，凡是能够成就大事的人都具备一种卓越的才能——中庸之道。待人处世不激进、不冒失，沉稳而又懂得忍耐，能做到这些，才能在官场及社会中处于不败之地。这也就是很多成功人士智慧之精华。

有人讲，"处世让一步为高，退步即进步的张本；待人宽一分是福，利人是利己的根基"。细细品来很有道理，为人处世，忍让才是最高明、最根本的智慧。人生在世，处处争强好胜，妄露锋芒，并不是什么聪明的行为。俗话说"枪打出头鸟"，谁先凸显出来，谁就有先被打掉的危险。

《庄子.人间世》中曾经记录过这样一个故事，甚是耐人寻味。

来到齐国曲辕的匠人石，看到一棵巨大无比的栎树，而这棵栎树被当地人视作神树。这棵树的树冠可以遮蔽数千头牛，其形之大可想而知。树干就有数十丈粗，树梢离地面 80 尺处方才分枝，要是用它造船的话可以造十几艘。观树之人络绎不绝，而匠人却不看一眼，继续前行。匠人的徒弟看了大树半天，气喘吁吁地赶上了匠人石，说："自我跟随师父起，还未曾见过这般树木。但师父为什么看都不看一眼呢？"

匠人石回答道："快别提它了！如果用它造船，船必沉没，做棺椁会很快腐朽，做成器皿会坏得更快，作为屋门之材定不合缝，作为房梁定遭虫蛀。这树不是什么可造之材，所以才活到这般年纪。"

回到家后，匠人石梦见栎树对他说："你用什么和我比较，是那些可造之材，还是那些果树？那些果树待到成熟之时，果子就会被打落在地，之后遭到摧残的就是枝干，大小枝干会被通通修剪。各种事物也不过如此。我曾经被人砍得半死，最后得以保全，思来想去，我最大的用处就是无用。要是我真有用，还能安享天年吗，你怎么能用这样的眼光看待事物呢？你不过是将死之人，又怎么会真正理解不是可造之材的树木呢！"

最"无用"的反倒最长久，这不正是委曲求全的道理吗？一棵参天的古树，却要用弯曲的树枝、低劣的木质、树叶的怪味等来伪装自己，以使自己逃脱被人类砍伐的命运。老树尚且如此自保，人类不也应该如此吗？

实际上，我们总喜欢把自己比别人的高明之处表现出来，恨不得自己得到所有人的崇拜，这种误区往往会让人钻牛角尖，最终树敌无数。古人说："藏巧守拙，用晦如明"，想要平静淡然地生活，就不要妄露锋芒，否则"功高盖主，主必压之"，尤其是在上司面前。

韩信身为汉朝开国第一功臣，曾多次献出妙计，定三秦，率军俘魏王，活捉越王歇，收燕荡齐灭楚，最后逼得项羽在垓下自杀。司马迁曾经这样评价他："韩信打出汉朝一半的天下，但他犯了功高震主的大忌。"

刘邦曾经这样问过韩信："你看我能统兵多少？"韩信说："最多不过十万。"刘邦又问："那你又能统兵多少？"韩信不敛锋芒地说："多多益善。"

刘邦因为这样的回答而颜面扫地，对韩信耿耿于怀。在打仗方面，刘邦确实不如韩信，但韩信不懂得身为人臣要收敛锋芒，常常在刘邦面前锋芒尽露，最终把自己逼上了绝路。

"韩信甘受胯下之辱"这个故事人尽皆知，为此，韩信被人们称为"能屈能伸"的大丈夫。但在收获丰功的同时他却不懂得收敛锋芒，一味在刘邦面前贬低对方、抬高自己，这样的人谁能容忍？曾经的英雄最后竟死于狂妄自大，哀哉！

不以别人的冒犯而愤怒，不以他人的无理而争吵。懂得中庸之道，懂得权衡利弊，在任何情况发生后，能在短时间内思考出最有利于自己的方法，做出能够自保的策略，如此才能成为这个时代的佼佼者。

只有学会委曲求全，做到能屈能伸，懂得中庸之道，保全自己，才能够实现自己的人生目标。

# 控制自己的敏感情绪

每个人都有自己的缺点和不足，这是无法避免的。但是，我们中有不少人因为自己存在的缺点和不足而感到自卑，每每拼命地去掩饰和躲避，从而让本来很正常的生活现象变成心中比较敏感的地带。"众口铄金，积毁销骨。"很多人的脑海里都会闪现这句话，他们害怕别人对自己的评价不高，害怕自己成为别人嘲笑的对象。其实，这个世界上的大多数人都是不在意你的，太多的敏感都是自找其扰，烦恼自卑的心理是你戴着"有色眼镜"看世界的原因。

敏感的深层是极度的不自信，走进自卑的心理误区。自卑的表现是感觉己不如人、低人一等，轻视、怀疑自己的力量和能力，而这正是成大事者最蔑视的！那么，该如何在成大事的过程中摆脱自卑心理的纠缠呢？

敏感的另一面是为自己的失败寻找借口，极度的不自信和脆弱的自尊心让一个人为自己的失败寻找开脱的理由。长此以往，不仅于事无补，心灵上反而会走进一个更加闭塞的领域。寻找借口、解释失败是人类的通病，在有人类历史的那一天起，也就有了各式各样在敏感支配下的借口。

20世纪80年代中期，他从一个仅有20多万人口的北方小城市考进了北京广播学院（现中国传媒大学）。上学的第一天，与他邻桌的女生问他："你是从哪里来的？"极平常的一句话和一个问题，却成了他当时最大的忌讳。在他的意识里，出生于一个小城市就代表了土气和小家子气，没有见过什么大世面，在那些来自大城市的同学面前肯定会抬不起头来。

这个女同学普普通通的一句话，却让他在一个学期之内像沉默的羔羊一样，见到班里的女生总是躲躲闪闪，连招呼也不敢去打。在第一个学期结束的时候，同班的女生中能记起他名字的人寥寥无几。

20年前，她也在北京的一所大学里上学。

由于自己的身体较胖，大部分时间里她都在疑虑和自卑中度过。过于敏感的她会疑心同学们在暗地里嘲笑她，评论她难看的身材。

她从来不敢穿裙子，更不敢上体育课。临近毕业的时候，她的学分还没有修够，不是因为学习不努力，而是因为她害怕参加体育长跑测试。老师说："只要你参加长跑，不管多慢，我都给你及格。"可她还是没有勇气跑。她害怕自己的身体一旦跑起来一定会显得愚笨，同学们肯定会在旁边讥笑她。她想跟老师解释原因，但是自卑却让她不知道该如何开口。她只能傻乎乎地跟在老师的后面，没有勇气解释，茫然不知所措。当老师回家做饭的时候，她还傻乎乎地在后面跟着。老师感到很无奈，勉强给了这个小姑娘一个及格的分数。

后来，两个人都进入中央电视台工作，在一个电视晚会上，她对他说："假如我们在一起上学的话，可能永远不会说话。你会认为，人家是北京的姑娘，怎么会看得上我呢？而我却会想，人家那么一个大帅哥，又怎么会瞧得起我呢？"

他，叫白岩松；而她，叫张越。

天下无人不敏感，成功的人之所以成功，是因为他们能够把敏感转化为前进的动力，不断地激励自己前进。身材弱小的拿破仑当上了法兰西第一帝国的皇帝；下身瘫痪的富兰克林·罗斯福当上了美国总统，在人类的历史上写下了辉煌的篇章，是因为他们对待敏感地带从来没有"敏感"过。

敏感的情绪可能会时刻伴随着我们，我们无法做到情绪上的波澜不惊，但是，我们可以运用自己的聪明才智，把敏感疏导到一个正确的渠道、控制自己的敏感情绪。这样，就不会让敏感如同泛滥的江河一样淹没我们的心灵，造成无法弥补的后果，也不会有任何惨痛的事情发生。

第三章

# 自控良好习惯，就把握了自己的命运

# 掌控习惯就掌控了命运

人，是一种习惯性的动物，不管我们愿不愿意，习惯总是无孔不入地渗透于我们生活的方方面面。调查表明，在一个人每天的行为当中，约有95%属于习惯性的，而剩下的5%是属于非习惯性的。同一个动作，如果重复三个星期，就会变成习惯性的动作；如果重复三个月，就会形成稳定的习惯。

那么，习惯与性格有什么关系呢？心理学是这样定义性格的：性格是在生活过程中形成的对现实的稳定态度以及与之相适应的习惯化的行为方式。从这个定义来看，人的性格与人的行为习惯是紧密相关的，所以才有"习惯决定性格"的说法。

当每个人刚生下来时，个性和天赋是差不多的，差别就在于后天环境的影响。不同的生活环境，使人形成了不同的习惯，也造就了不同个性的人。所以，孔子说："性相近，习相远也。"

英国著名作家查·艾霍尔曾说过这样一句话："有什么样的思想，就有什么样的行为；有什么样的行为，就有什么样的习惯；有什么样的习惯，就有什么样的性格；有什么样的性格，就有什么样的命运。"可见，一个人习惯的好坏不仅会影响一个人的性格，而且从长远来讲还会影响到一个人的成功。

很多时候，成功与失败仅有一线之隔，横亘在中间的很可能只是一个细小的却往往被人忽视的个人习惯。

日本一家食品公司准备招聘一名卫生检测员。一名衣冠楚楚、气度不凡的年轻人走进了总经理办公室。他谈吐优雅、举止大方，专业知识也很扎实，因此赢得了总经理的好感。可没想到，就在年轻人转身离开时，总经理发现这名年轻人无意识地抠了一下鼻孔，于是他将年轻人从面试名单中划去了。年轻人没想到正是这个看似不起眼的小动作，将唾手可得的工作岗位让给了别人。在这位总经理看来，一个没有良好卫生习惯的人如何能做好卫生检测员呢？

所以，不要忽略任何一个微小的不良习惯，说不定哪天它会在关键时刻成为你前进中的绊脚石呢。纵观古今中外，许多伟大的人物能够取得成功都是与他们良好的习惯分不开的，这些良好的习惯或许只是饭前洗手、做错事要道歉这样的小事，但这却足以让他们受益终生。

在 1988 年世界诺贝尔奖得主在巴黎举办的聚会上，有一名记者问一位诺贝尔奖得主："您在哪所大学、哪个实验室学到了您认为是最重要的东西呢？"这位白发苍苍的学者回答道："幼儿园。"

"在幼儿园能学到什么东西呢？"记者不解地问。

"把自己的东西分一半给小伙伴们，不是自己的东西不要，东西放整齐，吃饭前要洗手，做错事要表示道歉，午饭后安安静静地休息，要观察周围的大自然……"

著名教育家叶圣陶先生也十分重视培养良好的个人习惯，他认为："好习惯养成了，一辈子受用；坏习惯养成了，一辈子吃它的亏，想改也不容易。"那么，我们该如何培养好的习惯和性格呢？

其实，习惯和性格的养成归根结底还是自控力的问题。不管你采取什么样的办法，首先得提高自我控制的能力，知道哪些行为是好的、哪些是不好的，哪些可以做、哪些则坚决要制止。

　　我们在纠正坏习惯的同时，也是在建立一个好习惯，而在建立好习惯之初是比较痛苦的。比如说，你知道吸烟有害健康，想把烟戒掉。可真要做起来就会比较难了，烟瘾会不时地提醒你把手伸进口袋，找打火机。那么，该如何才能战胜烟瘾呢？要靠自控力。如果你控制住自己不去想与吸烟有关的事，不让所有与烟相关的东西出现在你的视线里，或者干脆扔掉，想办法将注意力转移到别的地方；实在不行，你也可以找一些替代品，如口香糖等。坚持一段时间后，你会发现改掉吸烟的坏毛病并不像想象中那么难。

　　所以，要培养好的习惯和性格就应注意增强自我控制的能力。一个能够控制住自己的人，才能真正地掌握命运。

# 改正容易养成的坏习惯

阻碍一个人执行力的往往是很多坏习惯：早晨赖床的习惯会让一个人上班迟到，爱找借口的习惯会让工作拖到最后，不珍惜时间的习惯会让人工作效率低下……总之，那些坏习惯会毁掉一个人的工作效率与执行力。

在工作中，有四种坏习惯最可怕，它们会让一个人对时间管理无序，而且加强身上的拖延症。如果你能够加以克服，不仅会使你的工作变得生动有趣，而且还可以提高工作效率。四种坏习惯如下所述：

第一种，工作上的坏习惯：办公桌上杂乱无章，严重影响解决问题的效率。

你的办公桌上是什么样的情景？是不是杂乱无章堆满了各种信件、报告和备忘录？当你看到自己乱糟糟的桌子时，你是不是会紧张地想：我还有什么工作没有完成，怎么看起来我有这么多没有完成的工作！你是不是会因此而感到焦虑，觉得工作如此繁重，从而对工作产生了厌倦？著名的心理治疗家威廉·桑德尔博士就遇到过这样的病人。

这位病人是芝加哥一家公司的高级主管。他刚到桑德尔博士的诊所时，看上去满脸的焦虑。他告诉桑德尔博士自己的工作压力实在是太大了，每天总有做不完的事情，但是无可奈何的是又不能够辞职。

桑德尔博士听完他的一席话之后，指着自己的办公桌说："看看我的桌子，你发现了什么?"这位主管顺着桑德尔博士手指的位置看去回答道："比起我的办公桌，你的实在是太干净了。"桑德尔博士听了他的话微微笑道："是啊，这样干净是因为我总是在第一时间将工作处理完，这样一来我的桌子上就不会有太多的工作啦，你可以试一试我的方法。"

那位主管一脸疑惑地看着桑德尔博士。过了三个月，桑德尔接到了那位主管的电话。在电话里那位主管非常高兴，他对桑德尔博士说他的方法简直太神奇了，现在他看到自己的桌子再也没有像以前那么大的压力了。"现在我的桌子也和你的一样干净了。"就这样，桑德尔博士治愈了这个高级主管的焦虑症。

著名诗人波普曾写过这样的话："秩序，乃是天国的第一条法则。"芝加哥和西北铁路公司的董事长罗西·输廉斯说："我把处理桌子上堆积如山的文件称为料理家务。如果你能把办公桌收拾得井井有条，你将会发现工作其实很简单，而这也是提高工作效率的第一步。"

看看自己的办公桌，如果文件堆积如山，那就开始清理它吧。

第二种工作上的坏习惯：工作中分不清事情的轻重缓急。

著名企业家亨瑞·杜哈提说，如果一个人同时具备了他心中的两种才能的话，不论开出多少薪水，他都愿意。这两种才能是：第一，善于思考；第二，能够分清事情的轻重缓急，并据此做好工作计划和安排。

查尔斯·鲁克曼在 12 年之内，从一个默默无闻的人一跃成为公司董事长的。他说，这都要归功于其所具有的两种能力：第一，善于思考；第二，能按事情的重要程度安排做事的先后顺序。查尔斯·鲁克曼说："我每天都会在早晨 5 点钟起床，因为此刻正是思维活跃、清晰的时候。在这个时候，我可以就我近期的工作进行一些规划，排出事情的重要程度，以便安排自己的工作。"

第三种工作上的坏习惯：不能果断处理问题，导致问题总是处于悬而未决的状态。

霍华德先生说，在他担任美国钢铁公司董事期间，董事们总要开很长时间的会议，因为会议期间要讨论很多议题，但是大部分议题却无法达成共识。其结果是，工作效率无法提高，而董事们的工作量却十分繁重，每位董事都要抱上一大堆报表回家继续工作。

针对这种毫无效率的工作方式，霍华德先生向董事会提出了自己的建议：每次开会只讨论一个问题，而且必须要做出最后的定论。霍华德说，虽然这个做法也有弊端，但是总比悬而未决、一直拖延来得要好。最终，董事会采纳了他的建议。霍华德先生说，很快，这种方式就体现出了它的优势。他们很快就把那些积累了很长时间的问题解决了，董事们干起活儿来也觉得轻松了许多，不必再把家庭作为自己的第二工作场所。

不得不说，这确实是一个提高工作效率的好方法，值得你我借鉴。

第四种工作上的坏习惯：喜欢大包大揽，不相信自己的部下或者同事。

很多人都有这种工作习惯，所有事都喜欢亲力亲为。结果，他们总是被那些琐碎的事情纠缠得筋疲力尽，无法享受自己辛苦打拼来的幸福生活。这种现象在很多领域都普遍存在。人们总是不放心其他人，担心那些人会把事情搞砸。于是，他们不得不不厌其烦地处理那些在工作中出现的细微事情。喜欢大包大揽的人，始终处于一种紧张而焦虑的生活之中。

然而，要试着相信他人，将自己手中的工作分一部分给他人来完成，对于一个责任感太重的人来说也是不容易的。如果一个人没有能力承担你交给他的工作，那必将会影响到你的相关工作，进而损害你的声誉。可是，如果我们要摆脱终日紧张的工作状态，就必须学会分权，学会量才而用。将那些无关大局的琐碎工作交给他人，这样不仅会提高自己的工作效率，还能真正体会到工作的乐趣。试一试吧！

上面列出了在工作中容易养成的四个坏习惯。在告别拖延症、提升执行力时，请检查一下自己在工作中是否正在犯上述错误。如果有，请马上改正。这样，你就会懂得如何管理时间、如何提高效率、如何加强自己的执行力。

# 纠正那些不良的习惯

任何事情都具有双面性，习惯也不例外。它既有好的一面，也有不好的一面。好习惯使人摆脱平凡，走向卓越；坏习惯则会让人安于现状，一生碌碌无为。

从前有个猎人，他在一次打猎中捡回一只老鹰蛋，到家后把它放在了母鸡正在孵的鸡蛋中。没多久，小鹰和小鸡一起出世了。在母鸡的照顾下，小鹰很开心地和小鸡们生活在一起。

小鹰并不知道自己是一只鹰，它和小鸡们一样学习鸡的各种生存本领。母鸡也不知道它是一只鹰，也按照教育小鸡的方式教育小鹰。所以，这只小鹰一直在按照鸡的习惯生活。

外出觅食时，每当看见有老鹰从头顶盘旋而过，小鹰总是特别羡慕地说："在天空飞翔多好啊，有一天我也要像那样飞起来。"

母鸡听它这么说，每次都要提醒它："别做梦了，你只是一只小鸡。"

其他小鸡也一起附和："你只是一只鸡，你根本不可能飞那么高！"

被提醒多次之后，小鹰终于相信自己不可能飞那么高了。当小鹰再看到老鹰飞过时，它便会主动提醒自己："我是一只小鸡，我不可能飞那么高。"

结果，这只鹰直到死的那一天也没有飞翔过，即使它拥有翱翔蓝天的翅膀和体格。

我们当中的许多人都像故事中可怜的小鹰一样，虽然具备"飞翔"的能力，经过一番努力可以成为一个卓越的人，可是就因为习惯性地听从他人，又缺乏主见和决断，所以人云亦云，活在别人的观念里，白白浪费了天赋和才能，结果只能是碌碌无为、毫无建树地过完一生。

相反，也有一些人因为具备某些良好的习惯而一步一步地走向了成功。他们当中有的人珍惜时间，在别人喝茶聊天的时候抓紧时间学习和工作；有的人敢于面对一次次的失败，认为"失败是成功之母"；也有的人没有被无数次的拒绝所打倒，反而更加努力向上……

一位成功的企业家，不到 40 岁就坐拥亿万身家。创业之初，他没有任何背景，完全是白手起家。每当人们好奇地问他是如何做到的时，他总是微笑着说："只是因为我很早就'习惯被拒绝'。"

原来，由于小时候家里穷，他高二便辍学前往深圳打工，费尽周折才在一家饭店找到了一份服务员的工作。小小年纪的他不怕吃苦，对饭店的工作总是抢着干，光是土豆丝就要切满满的三大盆。一天，一个好心的厨师悄悄地对他说："兄弟，我看你能吃苦，做人也挺机灵，嘴巴也不笨，我感觉你挺适合做销售的。"

于是，他辞职做了销售。那年他刚满 18 岁，年纪轻，又没有任何销售经验，去公司应聘总是被人拒绝。他没有气馁，心想深圳那么多的工厂和公司，总会有一家公司接纳自己。

经历了无数次拒绝后，一家卖电池的公司接纳了他，不过底薪很低。他自己买了辆旧自行车，带着两大箱电池开始大街小巷地上门推销。结果，他还是总被拒绝。

有一次，一个杂货铺老板和别人下棋，下赢了，年轻人适时上前夸奖老板水平高。老板扭过头看他，说："你这小伙子真有意思，我都拒绝你三次了，你还不死心，真有股倔劲儿啊！这样吧，我买你100板电池（一板四节），如果质量好，以后我还进你的。"于是，年轻人终于做成了第一笔生意，拿到了40元钱的销售提成。

靠着这股不怕被拒绝的习惯，他很快成了全公司的销售冠军，每个月都有上万元收入。不过，虽然销售业绩良好，但是电池行业的销售数额毕竟有限，于是，有了销售经验的他跳槽到了一家做安全防护产品的大公司。这个行业的客户都是消防、石化、井架、油田等大客户，随便一单就是几百万甚至上千万元，最小的单也有几十万元。

不过，隔行如隔山，虽然在电池行业干得如鱼得水，可是进入新的行业还要从头做起。

他每天的工作就是先搜索到相关的公司，然后打电话进行推销。这样的推销电话，他每天能打几百个，可成功率甚至达不到万分之一。但正是因为他不放过这万分之一的成功概率，他做成了两单，共1000余万元的销售额让他顺利转正，成为了这个外资企业最年轻的销售员。

后来，有了销售网络和一定的资金后，他自己开了一家公司，代理一家安全防护公司的产品，事业开始迅速发展起来。

古今中外，大凡能够有所作为的人，身上或多或少都有些可圈可点的习惯在影响着其人生轨迹。这位年轻的企业家能够成功，也源于他良好的习惯——不怕拒绝。当一个人把拒绝当作习惯时，还有什么能阻止他前进的脚步呢？

莎士比亚说过："不良的习惯会随时阻碍你走向成名、获利和享乐的路上去。"佩利也说过："美德大多存在于良好的习惯中。"可见，习惯是一把双刃剑，关键在于我们怎样运用它。现在我们要做的，就是审视自己的思维和言行，纠正那些不良习惯，培养一些让人受益终身的好习惯。

# 改变你的思维和行为习惯

传说很久以前，有一位年轻人听说遥远的地方有块"不老石"，于是他长途跋涉，历尽千辛万苦，终于来到了海边。为了把检查过的石头和未检查的石头区分开，他把检查过的不是"不老石"的那些石头都扔进了大海。日复一日、年复一年，他已经变成了白发苍苍的老人，可他仍在重复着同样的事：捡起一块石头，看一眼又扔掉。终于有一天，当他发现了传说中的"不老石"时，他的手已经不听使唤了，他习惯性地把"不老石"也扔进了大海里。

这个故事告诉我们一个道理：习惯会麻痹人的神经，使人看不清事情的真相，而当人们回过神来时，本来唾手可得的成功却因为自己的视而不见而与自己擦身而过。

一位动物心理学家曾做过一个著名的实验——跳蚤实验，这个实验足以证明习惯的力量。我们都知道，跳蚤可是动物界的跳高冠军，它纵身一跳的高度可以达到自己身高的 400 倍以上，所以要想抓住它可不是一件容易事。

实验者将一只跳蚤放进一个容器里，容器的高度刚好是跳蚤能够达到的高度。为了不让跳蚤跑出来，实验者在上面放了一块玻璃挡着。

第一天，跳蚤非常活跃，一次又一次地撞击着玻璃，十足的不达目的不罢休的架势。不过，无论它如何努力，始终无法突破玻璃的阻碍。不过，它并没有放弃，休息一会儿后又向玻璃发起猛烈攻击。

几天后，实验者观察到跳蚤明显不如前几天活跃，看起来似乎有些懒惰和气馁了。又过了一段时间，实验者发现，跳蚤已经放弃了努力，整天得过且过地待在容器底部。这时实验者将玻璃抽掉，原以为跳蚤会一跃而出，可出人意料的是，跳蚤浑然不觉，也未见有任何行动。看来，它已经习惯了这样的生活。

接着，实验者将另一只跳蚤放进一个容器里，容器的高度略高过跳蚤的跳跃高度，这次上面没加玻璃盖子。实验者观察到跳蚤每天都会乐此不疲地往上跳，虽然跳不出去，但它仍把其当作每天的必修课。

跳蚤还能跳出这个高度吗？实验者对这个问题又有了兴趣。于是，他拿着一盏化学实验用的酒精灯在容器下燃烧加热。不一会儿，跳蚤就热得受不了了，于是奋力一跳，一下就跳出了容器，又恢复了往日"跳高冠军"的风采。

可见，习惯虽小，却影响深远。动物如此，何况人呢？很多时候，我们就像跳蚤一样，刚开始总是自信满满、全力以赴，可是在连续地遭遇碰壁后会逐渐放弃努力，变得越来越懒惰和安于现状。

很多时候，成功并不是那么遥不可及，它或许只是隔着一层"玻璃板"，或者只是需要一块垫脚石，抑或是一种外在的激励，就可以实现。可当成功已经唾手可得时，人们便不愿意再付出努力，因为他们认定再怎么努力都是徒劳，他们已经给自己加上了各种限制，这才是导致失败的真正原因。

所以，当我们抱怨自己怀才不遇时，不妨想想，到底是家人、领导、社会和体制在牵绊、阻碍着自己走向成功，还是自己不愿意改变或者改变不了某些习惯，比如说个性上过于自以为是、清高孤傲；办事时拖拖拉拉、效率太低；抑或是为人处世固执保守、不够圆润……

　　有一句俗话说得好："贫穷是一种习惯，富有也是一种习惯；失败是一种习惯，成功也是一种习惯。"人的贫穷富贵和成功与否都跟习惯有着莫大关系。如果你不想再忍受一贫如洗的生活，那么，就要试着改变一下你的思维和行为习惯；如果你不甘于失败，那么首先就要找到导致你失败的因素，并加以改正。总之，多从自己的习惯上寻找原因，才能充分认识到自己的优缺点，在生活和工作中扬长避短，尽早实现成功的愿望。

# 要养成设计时间的好习惯

许多人忙来忙去，最终只是穷忙，他们只知道埋怨自己命运不好，没有一个好家庭、好工作，甚至感到生活真累。可惜他们不知道该怎样利用时间、怎样安排和设计时间，这样，又如何能够合理地利用好时间呢？因此，这样的人往往会感到自己的生活很不如意。

"哎！工作又没完成""唉哟！我怎么又忘了健身""我真后悔，一辈子竟一事无成"，日常生活中我们总能听到这些人的叹息声。真想对他们说："为什么不事先设计好自己的时间呢？"

陈志飞是一个公司的副总，虽然他靠着勤奋一步步爬到了副总的位置，但他却有着散漫、对时间没概念的坏习惯。有一天，当陈志飞走进办公室看到桌子上一摞摞报表时，感到非常头疼，但迫于压力，只好静下心来一张张翻看着。当看到一半的时候，秘书走进他的办公室说："副总，一位客商要求见您一面。"他不在意地说："让他先在客厅等一会儿，我马上就过去。"

当他用大约一杯茶的功夫翻阅完这些报表走进客厅时，看到那位客商正在客厅里徘徊，于是满脸堆笑地对客商说："对不起！我工作太忙，让您久等了。"

客商听到他这句话后，说："如果你实在没有时间，不如我们改天再谈吧！"于是便走出了客厅。

眼看着就到手的肥肉，怎么会一下子就失去了呢？陈志飞感到十分迷茫。

第二天，董事长找陈志飞谈话说："公司决定撤你的职，并决定辞退你，因为你不适合本公司的业务要求。"

陈志飞着急道："怎么回事？我为了公司可没少卖命，怎么你一句话就把一个高级职员给辞了呢？"

董事长见他仍然执迷不悟，气急败坏地吼道："你这笨蛋，把我1000万元的生意给搅黄了，你知道吗？"

陈志飞终于明白了其中的道理，原来是自己的一句话惹恼了客商。他想起初来这家公司的时候，在公司的员工须知专栏里有这样一段话："时间至关重要，凡是本公司员工一律要遵守时间，任何人不能因故迟到或早退；要按时完成任务；要做好时间安排，哪怕是最小的细节也必须在日程安排中列出来并付诸实施。"

陈志飞并不是很忙，而是没有设计好自己的时间，不仅被上司给辞退了，也给自己带来了痛苦和烦恼。陈志飞的一句话惹恼了客商，可想而知，设计时间是多么重要。

人们总觉得被戴在手腕上的那个小玩意儿控制自己没什么必要，便可以浪费时间，更准确地说就是混时间，到头来生活平平、一事无成，甚至对时间恨得要命、烦得要命。而有些人则很会设计自己的时间，他们守时、准时和省时。他们先设计自己的时间计划，然后再行动，这样就不容易浪费时间了，从而可以较快地提高实现奋斗目标的效益。

你也许没有意识到，但你一直在这样做，也就是说，你在设计着你的每一分钟或者每一小时，也可能是每一天。当你睁开惺忪的眼睛，首先需要的是看一下墙上的时钟，你要用时间去衡量自己的一切。比如，漱口用5分钟，洗脸用10分钟，吃早点用20分钟，赶往学校用1个小时。因为你怕迟到被老师罚站，所以你必须设计好时间。这只是一天中的一小部分。

　　张伟就是一个不懂得设计时间、对时间没有很精确观念的人。有一次，公司老板告诉张伟第二天早上十点去机场接一位很重要的客户。这位客户和公司有一份大合同，老板千叮咛万嘱咐，一定要准时到，把客户十一点接到公司。张伟向老板打包票，一定不会耽误事。

　　张伟想着，从家开车去机场一个小时的时间，自己第二天提前一个半小时出发，绝对会比客户更早到达机场。第二天早上，张伟起床哼着歌、吃着早点，慢悠悠地收拾完自己，然后开车去机场接客户。

　　但张伟刚开车出门十几分钟就傻眼了，通往机场的道路上堵满了车，整个机场的高速路几乎变成了停车场。这下张伟才开始着急，想着早知道这样，就再提前一小时出门了。但现在懊悔已经来不及了，唯有在这里慢慢地等待，一点点地往前挪着。

　　等张伟到达机场后，发现已经快十一点，那位重要客户的航班已经到达一个多小时了。他在出口处四处寻找着客户，想着也许客户还在等他。但张伟等来的却是老板的电话，接通后就听到了老板的怒吼。原来客户等了十几分钟，等不到张伟，就自行打车先回了酒店，接着告诉老板在机场没有遇到公司接机的人。

　　张伟和老板解释着堵车的原因，但这些理由都没办法构成他延误接机的借口。最后老板告诉他，他被辞退了。

　　读完这个故事，你是否觉得设计时间非常重要？所以，不管你有多忙，赶快设计自己的时间吧！你可以随心所欲地浪费时间，也可以不去设计时间，但你无法不面对故事中那些不重视设计时间所带来的严重后果。

　　如果不设计时间，只是盲目地去追求自己的目标，你最终也许会走到拖延的沼泽地，让你终生难以走出令人望而生畏的、没有前途的窘境。

# 养成有规律的生活习惯

每逢夏日，街边"撸串"都会成为现代人扎堆的休闲方式。几个朋友聚在一起，一边品尝着烤肉啤酒，一边天南海北地聊天，直到凌晨才各自散去。人与人之间相聚小酌固然没错，但不加节制地消费却容易带来一系列健康问题：由于暴饮暴食，或是吃了太多不新鲜的肉类食品和海鲜，第二天就可能出现肠胃不适的症状。而睡眠的严重不足，不仅会影响到工作和生活状态，也会造成悲观抑郁、焦躁易怒的情况，甚至会引发心脑血管疾病。

"生物钟"是生物体生命活动的内在规律，调节着机体各项功能的正常运转。好的生活习惯、有规律的作息时间能够提高人的工作效率和学习成绩、减轻疲劳，预防各种疾病的发生。反之，如果生活不规律，人的身体就会感到疲惫不适，精神就会萎靡不振，在严重损害健康的同时自然也不会有好的心情。因此，改善我们的心理状态，首先要有好的生活习惯。

保证充足的睡眠。"夜猫子"已经成为现代人的时尚标签，但睡眠不足对身心健康会造成严重的危害。一般来说，晚上 11 点前就应该入睡，最好不要超过 12 点，同时成年人应该保证每天 7~8 个小时的睡眠时间。

饮食要有节制，注意营养搭配。一日三餐是我们每天体力和精力的重要来源。很多白领有不吃早餐的习惯，长此以往不仅会影响肠胃功能，精神状态也会受到影响。要健康饮食，吃得科学、吃得合理才能增强体质，有效抵制疾病的侵袭。

每天要留一些放松休闲的时间。不管工作有多忙、生活有多累，都要留出一点儿时间来放松自己的身心。规律的生活就应该有张有弛，工作之余，安静地喝杯茶、看本书，或是看一部有趣的电影、去KTV唱唱歌，都能起到很好的调节作用，提高我们的生活质量。

美国马里兰大学的专家通过试验发现，唱歌作为一种休闲方式，不仅能释放压力、缓解心情，还能够起到预防疾病的作用。当人放声歌唱的时候，不但可以增加面部肌肉运动，改善颈部、面部血液循环，还能增加人体的肺活量，减慢心肺功能衰退。

科学家将20名老歌手与不经常唱歌的同龄人进行比较，发现歌手的胸壁肌发达、心肺功能好，而且心率缓慢。还有一项调查显示，每天保持唱歌习惯的人比普通人的寿命要平均长十年。

要注意个人卫生和外在形象的整洁。很多人由于工作忙，平时便不注意个人卫生，形象上也不修边幅，甚至距离很远就会让人闻到一股汗臭味。这不仅会影响到个人健康，也会严重影响到人际关系和积极自信的心理状态。所以，我们要保证每天刷牙洗脸，饭前便后要洗手，定期洗澡、洗头和剪指甲，出门时要注意服饰和外在形象的干净整洁，这样才能让自己有好的心情。

保证适度的体育运动。没有每日坚持锻炼的生活习惯，就会让人变得越发慵懒，对生活也会产生懈怠和消极的情绪。所以，不管平时有多忙，都要抽出一点时间来进行体育运动，以此来调节身心、释放压力、补充能量。

俄罗斯总统普京始终保持着身体强健、精力充沛的生活状态，他的秘诀就是热爱运动，并且能持之以恒。他热爱柔道、滑雪、冰球、游泳、骑马、赛车等项目，尤其在柔道方面造诣极深。他认为，柔道是训练体能和智能的项目，有助于提高人的力量、耐力和反应速度，使训练者学会控制和完善自我、认清对手的长处和短处，以便争取到最佳的结果。

普京日常的工作非常繁忙，但他总要抽出一些时间来进行体育锻炼。他在俄罗斯民众中倡导健康的生活方式，希望从事体育锻炼能成为俄罗斯的社会时尚。普京说，健康的生活方式关乎国家和民族的未来，"不可能借助药片来解决俄罗斯人的健康问题，应该让人们崇尚健康的生活方式，积极投身到体育运动中来"。

想要有健康的身体和良好的精神状态，就得有好的生活习惯。我们要学会有规律、有节制地生活，让好的心情每一天都伴随在我们左右。

日本著名音乐人久石让说："作曲家如同马拉松选手一样，若要跑完长距离的赛程，就不能乱了步调。"我们每个人的生活都应该保持规律的步调。人体的各个系统每天都在有规律地工作着，我们的生活应当适应这一情况，做到按部就班，这样才能促进身体健康，让我们始终保持积极的心态。

# 养成良好的习惯

一个好习惯的养成不是一朝一夕的事情，而是一个反复演习、潜移默化、日积月累的过程。当你自控力不够强大时，若要培养良好的习惯，最好的办法就是从最容易的事情开始做起。这样的话，当你做出了一些微不足道的行动后，渐渐地，你的自信心、自控感和胜任感就会不断加强，你就能做出更大的行动了。

实践是获得自控力最根本的途径，也只有依靠惯性和反复的自控训练，我们的神经才有可能得到完全的控制。从反复努力和反复训练意志的角度而言，自控力的培养在很大程度上就是一种习惯的形成。

美国作家杰克·霍吉在《习惯的力量》中讲述了自己从一个大懒虫变成一个长跑爱好者的过程：

"我是一个长跑爱好者，每天早上都会进行五千米慢跑。不论严寒酷暑、刮风下雨，我的晨跑总是坚持不懈。其实开始时情况并不是这样。我曾经十分厌恶早起，每天早晨我都赖在被窝儿里为早起作着激烈的思想斗争。我总是使出吃奶的劲头，才勉强把自己从被窝儿里拽出来。真的，你也许会有同感，早晨在床上的每一分钟都是如此让人珍惜，很多次我都会迷迷糊糊地打上几个盹儿。我同样不喜欢跑步，尤其是长跑，我觉得它既艰苦又乏味，还会让人腰酸背痛。因此，一大早起床跑步对我来说无异于天方夜谭。那么，我，这个最不可能坚持下去的懒虫，究竟是如何转变成今天的长跑爱好者的呢？

"答案还是要追溯到我的祖父那番改变了我一生的教诲。祖父告诉我，为了成为一位'行动者'，一定要做到自控。否则，将永远不能发挥出自己最大的潜力"。

"祖父引用他最喜欢的名人马克·吐温的一句话来解释如何做到克己自控：'关键在于每天去做一点自己心里并不愿意做的事情，这样，你便不会为那些真正需要你完成的义务而感到痛苦，这就是养成自觉习惯的黄金定律。'祖父把这叫作'磨炼法则'，并鼓励我说，只要我能够坚持一个月，就一定能把自己改造成行动者。我听从祖父的建议，并选定了晨跑这件对身体有好处但对我来说是那么艰苦的差事，开始亲身实践祖父的'磨炼法则'。

"这可真是名副其实的苦差事呀！虽然我知道长跑益处多多，但我仍然讨厌它。我的身体状况很差劲，从家门口到三十几米开外的信箱，往返一趟就让我气喘吁吁了。我确实是需要某种有助于提高心肺功能的运动，可我一定不会选择长跑。于是，长跑便成了一件不折不扣的、我每天都必须做的不感兴趣的事情。

"我很长时间没有什么转变，只能得到腰酸背痛的奖励，我跑不了几步便会气喘吁吁。我不由得为自己克己自控的目标感到渺茫。但唯一让我牢记心中的是，我必须强迫自己坚持一个月！我做到了，一些意想不到的事情也就开始发生了。"

"跑步逐渐变得轻松起来，起床也变得不再那么艰难了，跑步这份苦差事似乎不再那么恐怖了，尽管早起仍然有点儿困难，但似乎可以克服。一切都变得越来越容易、越来越自然，直到我竟然不自觉地渴望晨跑！"

"每天的晨跑成了自然而然的习惯，成了我日常生活的一部分，我也不用强迫自己了。这时，我才开始真正感觉到，原来清晨长跑是一种享受。"

可以像杰克·霍吉那样选择一种苦差事帮助自己培养高度的自控力。苦差事并不仅仅限于跑步，你还可以选择游泳、跳舞、骑车、瑜伽等有氧体育运动，也可以坚持阅读、写作、绘画、刺绣等相对安静的活动。

人的自控力是从学习、工作、生活中的千千万万件小事中培养和锻炼起来的。对做任何小事，注意训练意志力会使人变得更加坚强。不要以为培养好习惯一定要有特殊的条件和不平常的际遇，许多微不足道的小事都会影响一个人习惯的形成。比如早晨是按时起床，还是在被窝儿里再磨蹭一会儿，对自己的自控力就是一个小小的考验。积小成大，如果我们能在诸如此类的小事上不放过对自控力的锻炼，一旦遇到大事就能表现出坚强的自控力来。

第四章

# 增强自控意识：建立起强大的自信心

# 建立起坚强的信心

困境当头，有的人抱有信心，并采取行动突破困境；有的人畏缩不前，对前景忧心忡忡。那么到最后，哪一种人能屹立时代潮头，成为众人瞩目的焦点呢？答案当然是前一种人。

不是有这样一句话嘛，"努力了不一定成功，但不努力一定不成功"。其实，面对困境时的态度，同样在考验我们是否肯努力、是否在努力。

智者告诉我们："人可以通过改变自己的心态去改变人生。"换句话说，我们有什么样的心态就会有什么样的生活方式、就会有什么样的心情。只有拥有好的心态，才会有好的心情。有了好的心情，才会用心做好身边的每一件事。

那么，什么叫好心态呢？简单来说，就是正确认识人生、认识自己。要知道，生活是不可能按照我们的意愿去进行的。生活有时候往往和我们所向往的事情背道而驰，但这就是生活。所以，好的心态就应该是不以自己为生活的坐标，接受现实、改变自己。只有这样，我们才能享受生活、感受幸福。

小张四年前毕业后，来到一家规模较大的地产公司工作。四年的时间里，她从最开始的业务员做到了现在的业务经理，每个季度的业绩都是全公司的前三名。

　　由于小张的出色表现，深得老板的器重，同事们有难办的客户也都习惯求助于她，手下的员工们也尊重她，这使小张的人气很高。

　　在她看来，这个季度的区域经理人选非她莫属了。她所在的公司人事升迁制度是内部升迁，按业绩排名和综合成绩择优挑选。也就是说，她现在的级别是业务经理，如果顺利的话，按照她的业绩，这个季度她就可以升任区域经理了。

　　因此，自从升迁的消息传出来之后，小张就感觉同事们都在有意奉承甚至是巴结她。她自己为此也有些得意扬扬，毕竟还不到 30 岁，如果能做到区域经理，在这家公司还是破天荒的事。

　　很快，人事部让她去领取业绩考核单，并且让她核实了自己的个人资料。看来，公司马上就要宣布任职通知了。想到这里，她不禁心花怒放。

　　可是，让小张乃至所有人都没想到的是，升任区域经理的居然是另一个人，大家都不明白为什么理所当然的她落选了。得知这个消息后，小张的情绪开始急转直下，强烈的挫败感让她觉得难以在这家公司再工作下去了。

　　小张在工作方面是个很优秀的女子，可是就因为习惯了这种优秀，让她难以接受出乎意料的挫败。

　　可是，我们再想想，生活中这样的事不是很多吗？很多事看上去是理所当然的、是必然的，于是人们就理直气壮地去主观判断、下结论，然后按照自己主观的想法去行事。这样做的结果往往是到最后出现出乎意料的情形，事情没有按照自己的认识、意愿和判断去发展，甚至是朝着完全相反的方向发展了。这时候，大多数人都是无法坦然接受这样的事实甚至是打击的，于是就影响到自己原本积极的心理状态。

其实，在现实生活中是没有所谓的"想当然"的事情的，每个人的人生都有很长的路要走，但不管你走的是哪一条路，困难、艰苦与其他意想不到的局面都可能会出现。

因此，我们不能对生活下什么结论，不能把自己置于一个注定、安稳的想象环境下，更重要的是也不必动辄改道或临阵脱逃，唯有坚持下去，才能建立起坚强的信心，获得最后的胜利。假如在一件事情上我们已经付出了很多努力，那么即使遇到困境，即使暂时的结果和我们的想象与期待大相径庭，我们也不应轻易放弃，要坦然面对。只有这样，我们才不会前功尽弃，在黎明前的黑暗中倒下。

# 增强自身的挫折承受能力

我们每个人都想避开痛苦，没有人愿意去遭受打击。但是普通的钢材只有经过高温的煅烧和铁锤的锻打，才能成为精钢；同样，一个优秀的人只有不断地在困难与挑战中磨炼，才能增长才干，变得坚强和成熟。

任何一个人的人生都不可能是一帆风顺的，总会遇到这样或那样的挫折。面对挫折打击的时候，一些人由于自身的承受能力较小，常常会被挫折击败。比如，有的人失败了就从此一蹶不振；有的人受到老板的严厉批评，就有辞职走人的念头；有的人把事情搞砸了，就惶恐终日、寝食难安；有的人因受到别人的冷嘲热讽，就觉得暗无天日、满肚子阴霾……

挫折可以摧毁一个人的梦想，甚至可以击垮一个人的生命。对绝望的人来说，挫折就是一座坟墓。然而，挫折并不可怕，可怕的是因绝望而放弃希望和努力。没有一条河流会永远波涛汹涌，也没有一条道路会永远坎坷泥泞。只要你相信面临挫折也会有一线希望，拥有良好的心态，不轻易低头和服输，那么，挫折就是你播种希望最肥沃的土壤，就是你成为匠人的进身之阶。

"汽车大王"亨利·福特曾经面临巨大的挫折，但他没有逃避，最终反败为胜。1903 年，亨利·福特开始独立生产汽车。1908 年，

他推出了第一批有名的 T 型轿车，立刻席卷全美汽车市场。在之后的
19 年间，他大量生产此种 T 型车，不再有任何其他的创意与改进。
到了 1926 年，在低价位市场中福特最强劲的对手雪佛兰却推出一批
新型、舒适且马力更强的车子，不但外形新颖，而且色彩亮丽。亨利
·福特面临汽车市场的巨大挑战。

强劲对手雪佛兰上市后，人们就喜欢上了这种新颖、舒适、马力
又强的轿车。随后，福特汽车的大批商业地盘逐渐失去，直线滑落的
销售量让亨利·福特大伤脑筋。看着遥遥领先的雪佛兰，他不得不承
认：市场景况与前时相较，真是不可同日而语。许多专家们也预测，
在汽车业中福特再也追赶不上雪佛兰了。毕竟其整个公司的营运正每
况愈下，一如其他小型企业，成功只是昙花一现的工夫，只是独领风
骚十多年而已。这些专家在预测时似乎未将亨利·福特个人的特质一
并估计进去。的确，他失去了市场，正遭逢空前的危机。然而，离
"失败"还差得远呢！至少他个人并不打算认命。

1927 年春天，亨利·福特关掉了自己的工厂。尽管在此之前他
曾一再声明要推出新型车，然而福特工厂"倒闭"的谣传仍然不断。
有人说亨利·福特的工厂不可能再开张了。甚至还有人断言，即便他
再度开张，所推出的新车也不过是 T 型车的翻版，不可能再有新的
创意。

1927 年 12 月，亨利·福特以实际行动证实他重整旗鼓的决心，
推出了新研制的 A 型车，这回不论是在外形、动力还是售价方面都要
比雪佛兰更胜一筹。这种车型立刻在汽车市场中引起巨大骚动，亨利
·福特再创佳绩、大获全胜。

以上这个事例说明：没有顽强的挫折承受能力，就没有亨利·
福特的转败为胜。亨利·福特之所以能够东山再起、再创佳绩，

就是因为他承受挫折的能力非同一般，并在挫折中不断酝酿智慧、勇气、信心和力量，从而挑战挫折、克服挫折，最终走出困境、走向成功。

在我们的人生中，挫折就像一堵无形的墙，常常让我们防不胜防。在面对挫折时，我们不应在进与退之间计较得失、犹豫徘徊，更不应该选择逃避，因为逃避会消磨人的锐志、弱化人的勇气、淡化人的理智。久而久之，逃避会成为让我们感到安定却消磨意志的包袱，这也意味着我们将向挫折低头。我们应该不断增强自身的挫折承受能力，愈挫愈勇、迎难而上，理直气壮地面对挫折，不屈不挠地与挫折战斗。只有这样，我们才能叩开成功的大门。

那么，我们该如何增强自身的挫折承受能力呢？可以从以下几个方面做起：

1. 热爱生命，增加勇气

西方有一位哲人说："迎头搏击才能前进，勇气减轻了命运的打击。"我们只有热爱生命，鼓足勇气、直面挫折，才能具备抵抗挫折的力量和能力。

2. 增强挫折忍耐力

这主要取决于三点：一是身体健康状况，发育正常的人比百病缠身的人挫折忍耐力高。二是过去的经验和学习。经验和学习多的人，挫折忍耐力高。三是对挫折的知觉判断。知觉判断符合客观实际，会增强自信心，不易为一时的挫折所击垮。

3. 做一个进取的人，并学会变通

进取可以帮助你抵御挫折，变通可以帮助你应对挫折。人有时需要给自己留些余地，不要吊死在一棵树上。进取和变通会让你在处理事情时变得游刃有余。

**4. 培养解决问题的能力**

要不断培养自己克服困难和解决问题的能力，要学会迎难而上、自我控制，学会倾诉和自我压制、自我宣泄，在实践中不断提高自身的抗压能力。

**5. 勇于挑战失败和挫折**

当遭遇职场失败和困境时，不被击倒，发愤而起，才能有所作为。只有具备顽强而坚忍的意志和奋发向上的勇气，才能迎接成功的到来。我们千万不要因为时运不济而消沉、丧气，忍耐虽然痛苦，果实却最香甜。

# 控制感越强内心就会越自信

有些人在面对突发事件的时候，总是能够做到处变不惊、运筹帷幄，这种强大的魅力令人折服。他们之所以会给人这样的感觉，完全来自他们个人的控制感。试想一下，在做一件十分有把握的事情时，你的内心是怎样的？必定是信心满满、不慌不惊，即使有一些让你意想不到的事情，你也会有条不紊地处理，因为你心里有数，有控制的能力，能够控制事情的发展及走向，当然也就没有所谓的无助及绝望。这就是控制感带给你的能力和气场。

那些内心强大的人，表现之一就是他们有很强的控制感。即便在面对压力和打击的时候，他们也能够掌握好自己，将一切打理得井井有条。

这里有这样一则小故事可以说明这个道理。

一头小象从小就被拴在一个小木桩上。刚开始，小象一直想要挣脱拴它的木桩。它努力了一次又一次，却发现不管自己怎么努力都无法挣脱。最后，它放弃了努力，它认为自己是无法挣断绳索的。后来，小象长大了，小木桩对它庞大的身躯来说根本不值一提。然而，大象却一直都被拴在木桩上。这是因为，大象过去无数次的失败经验已经使其失去了控制感。

一位研究者来到一所疗养院，做了这样一个实验：他将新来的老人随机分成了两组，一组给予他们控制自己的权利，而另一组则没有给予这种权利。

在给予控制权利的一组，研究者把他们安排到了一个小屋子，然后对老人们说，养老院将会给予他们最好的生活条件，但是他们的生活依然要自己来负责，一些生活上的决定他们必须要自己做出。

而他们需要做出决定的内容包括房间布置的样式、电影要在何时放映、听什么样的音乐等。最后，研究者给了这组老人每人一株小植物或者一个小动物，并要求这些老人照顾它们。

而对于另外没有给予这种权利的一组，研究者也给予了这些老人同样的生活待遇，但他告诉这些老人的是：只要在这里安心养老就好，其他什么事情都不用操心，一切大小事务都由养老院来安排。同样，他最后也给了每个老人一株小植物或者一个小动物。不同的是，他告诉这些老人，这些植物及动物只需要他们欣赏就可以，不需要他们照料，有护士帮他们照料。也就是说，他们不需要做任何事情。

过了一年之后，实验结果表明，给予了自由控制权的这一组老人生活得更加快乐积极，并且能够和他人有很好的沟通，死亡率只占15%；相反，没有这种控制权的老人则郁郁寡欢，精神状态明显不如从前，而且死亡率达到了35%。

其实，案例中讲到的自由控制的权利就是一种控制感。有控制感的老人懂得安排自己的生活，他们将命运掌握在自己手里，于是他们能够主动去选择喜欢的生活方式，从而增强了内心的动力，让内心有了追求和希望。在日渐强大的内心中，他们逐渐找到了生活的乐趣。反之，没有控制感的那些老人对生活产生了一种厌倦感。久而久之，内心就会变得软弱而没有方向感。

真正影响到一个人控制感的，是人们对自己命运的掌握，也是人们在面对压力时的感受和处理方式。

一个人的控制感越强，他的内心就会越自信。这种自信会让他有勇气和力量去面对生活的挫折和打击，令他的气场逐渐强大。他的控制感越强，解决事务的能力就越强，这样的人会充满激情地生活。反之，控制感弱的人，生活中总是弥散着无助和绝望，他们会怀疑自己的办事能力，觉得上天不公平。其实，这不过是他们内心不够强大的表现。

那么，如何能够增强控制感呢？

1. 主动调整自己的情绪

控制感强的人往往拥有平稳的情绪。很多时候，一个人的情绪往往反映了他的生活态度和生活状态。生活中难免会遇到压力，用积极的情绪去面对问题会让内心变得强大。一个时刻保持乐观积极情绪的人天生拥有一种特别的感染力，这种感染力在社交场合中往往能够出奇制胜，赢得他人的瞩目。

2. 主动独立解决问题

一个能够独立解决问题的人必然有一颗强大的内心，这基于他对于自己的信任。控制感强的人，必然能够在面对一件事情的时候做出自己的判断，并能够尽自己所能去解决问题。所以，当生活中遇到一些问题的时候，我们不应该回避，应该尝试想办法去解决问题。

当问题被解决的时候，你的内心也会获得极大的满足感。当你将解决问题当成一种习惯的时候，你的气场就显现出来了。

其实，我们也可以把控制感理解成为一种骨气、一种控制力、一种斗志。比如两个接受同样磨难的人，一个人自认霉命，认为没有可能去战胜这种困难，找不到战胜困难的方法，因此他也许会受尽这种磨难的折磨；而另一个人在与磨难作斗争的过程中找到了战胜困难的方法，因此他在每次遇到这种磨难的时候都能够很快地解决，能够控制这种磨难的腐蚀。结果是显而易见的，后者的意志、自信心、积极性肯定要比前者的强很多。

一个人的控制感，就好比这个例子，公司要精简人员，有的员工开始自暴自弃，而那些内心坚定的员工则相信自己是优秀的、是不会被替代的，他们反而比以往更加卖力地工作。

这就是个人控制感的差别，控制感弱的人容易对生活失望；而控制感强的人则能坦然面对人生的每一次冲击，主动掌握自己的命运。

# 要学会适应环境

　　著名国学大师南怀瑾先生说过：一般人都知道，人活着要有用处、有价值。其实，人生的价值，自己觉得没有用的，才是最有用的。老老实实、规规矩矩活一辈子就好了，这是庄子的理论。这表面看似是非常消极的，对于社会、世界和人生都是带有讽刺意味的。而其实他只是在向我们传递一个道理——"世路难行"，这一点儿也不讽刺。世路既然难行，我们要想使生命获得价值，就要懂得去适应环境，否则便会招来许多不必要的磨难或伤害。

　　南怀瑾又说："过去历史上的一些人物，也不错啊！为什么呢？他们有理想、有抱负，在尚未得志时，不妨在个性上将就别人一点，先取得他人的信任，肯与他合作以后，才慢慢地引导他们走上大道，'先合作，然后引之大道'。那也是一种处世的办法呀！"

　　其实，南怀瑾所谓的"世路难行"以及"先合作，然后引之大道"，简言之就是，我们周围的环境是很难改变的，我们要生存，要使生命获得价值，就要去努力改变自己，适应环境。也可以说，是"先生存，后发展"，而南怀瑾自己就是这样做的。

　　在抗日战争时期，南怀瑾曾经流落到四川。当时他为了找碗饭吃并生存下去，就来到一家报社。刚进去，他就看到柜台后面坐着一位老人，便走过去请安，并问能否在这里找到一份差事。那位老人将他上下打量了一番，问他是哪里的人，不是日本人吧。在当时，中国人都极恨日本人或者汉奸。当时南怀瑾就急忙说道："我是浙江人，逃难到此，就是想找一份能活命的差事。随便什么差事，哪怕是倒茶扫地都可以干。"

这时候，报社的一位老板看到了他，伸出头让他进去。于是，南怀瑾便又述说了一遍自己的状况：初来此地，没有亲人投靠，没有饭吃。老板便说："那好，你来我这儿上班吧，我这儿缺一个清洁工。"南怀瑾当即就答应在那家报社当清洁工了。

有一天，报社的老板将他叫过去，对他说，看样子你不像干这种活儿的人，就问他会不会写文章。南怀瑾也不敢妄自说话，便说自己学过一些"子曰诗云"，老板便出了一个题目，让他写篇文章来看看。南怀瑾便写了，老板看了文章之后特别满意，立刻就让他当了报刊编辑。

当时，报社也就那么几个人，所谓的编辑，除了经常写文章外，什么杂事都要处理。不过，对于南怀瑾来说，多吃点苦根本不算什么，只要自己有立足的地方、有碗饭吃，他也就知足了。

所谓"大丈夫能屈能伸"，南怀瑾早在当年就已经深谙"弯曲"的处世哲学。为了解决自己的生存问题，他宁愿放下文人的架子，从扫地做起。

在现代社会中，更是需要这种"先适应，后改变"的曲线生存法则。随着生活节奏的加快，越来越多的人开始变得敏感，开始不停地抱怨。工作丢了，怪领导没眼光；人情冷漠，怪同事不友善；住房不好，交通不便，行业前景不佳……将自己的痛苦全部都推给社会，总是苛求客观因素的不如意，而自己却完全像没事人一样，主观上不去努力改变自己并适应环境。这样的人生注定是失败、消极的。

生活中难免有不如意之事。一切生活中的大小事宜都会成为你抱怨的借口，但是若不去抱怨，你会发现，生活中的一切大小事宜都有解决的方法。恶劣的处境绝对不会因为你的几句抱怨就发生转机，有时候可能还会让自己的处境更加糟糕。遇事切勿一味抱怨，要冷静沉着，努力去接受现状、改变现状，这样才能涤除心中的不满。

很久以前，人们都是不穿鞋、赤着脚走路的。

有位国王有一次去一个偏僻的乡下旅行，但是那里道路崎岖、十分难走，很多细碎的石子深深地刺痛了这位国王的脚板。于是国王回到王宫之后颁布了一道命令，要把国内所有的道路都铺上牛皮，他觉得只有这样，自己的国民走在上面才不会被崎岖的道路刺到脚板。自己是做了一件利国利民的好事。

可是国王忘记了土地辽阔，这么多的道路，即便是把国内的牛全部杀光，铺路所需的牛皮也远远不够，而且花费的资金、人力、物力更是难以想象。人们深知国王颁布了一道愚蠢的旨令，而且这件事情是难以做到的，但是没有人敢违抗命令，所有的人都敢怒不敢言。

但是，有一位聪明的大臣这时大胆地向国王提出了建议："敬爱的国君！我们为什么要花费这么多的金钱、人力、物力和资源呢？何不用两小块牛皮包裹住脚，这样也节省了很多资源呀！"国王听了之后觉得非常有理，十分高兴地收回了成命，采纳了这个建议。于是，后来便有了"皮鞋"。

改变世界过于异想天开，但是我们可以改变自己。如果你现在正处于艰苦的环境中，或者你对现状不满，那么不要抱怨，改变一下自己的想法和心态，努力去适应、去面对，一定很快便会有转机。

　　面对生活的环境，每个人都有不同的选择，你可以屈服，这也是一种坚持；也可以强硬，但不一定能够有所收获。是改变环境，还是改变自己，往往就在你的一念之间。你的得失成败也会因此而发生变化。

# 想赢就不要怕输

小朋友在跑步比赛中没有获得第一，不是痛哭不止就是和家长无理取闹，这是输不起的表现；一个女孩因为害怕承受失去的痛苦，从而拒绝深爱自己的男孩，一段美好的感情还没开始就已经宣告结束，这是输不起的表现；一个创业的青年，因为决策失误，赔掉了自己所有的积蓄，从此自暴自弃，这也是输不起的表现。

杨澜在创办阳光卫视失败以后，说过一段耐人寻味的话：在输得起的时候输一次，也没什么。无论你正处于人生的哪个阶段，其实都有输得起的资本。不要怕输，怕输的结果就是常输。如果背上了想赢怕输的心理包袱，就会止步不前，甚至连尝试的机会都不留给自己，这样的人生是看不到希望的。相反，那些输得起的人却往往能冷静审视输的原因，知耻而后勇，置之死地而后生，在失败和打击中去激发自己的潜能，为自己创造赢的可能。

1935 年，一位中国留学生忧心忡忡地走在美国麻省理工学院的校园里。由于文化差异、语言不通以及生活环境不适应，他在异国他乡的求学之路走得很不顺利。他担心自己的将来，害怕自己不能学有所成，从而辜负家乡父老和祖国对他的殷切期望。

正在这时，一个大嗓门儿中年人引起了他的注意。他虽然是送外卖的服务员，可是对街边最新款的豪华轿车评价得头头是道。他为何能对汽车如此了解呢？很多人感到很困惑。原来，他以前是一位汽车销售公司的经理。后来，公司破产，他转行送起了外卖。

在场的人都为那位中年人感到惋惜，他却不以为然地说："在生活中，没有什么输不起的。不开汽车公司，我也照样能养活一家人，我相信自己还会再次成功！"

听了他的一番话，那位中国留学生突然明白，这个世界上从来没有绝境，也没有什么是输不起的。从此，他放下思想负担，潜心于自己所钻研的领域，最终取得了举世瞩目的科研成就。他就是被誉为"中国航天之父"的钱学森。

有人说，人生就像一场赌局，谁也不可能是常胜将军，谁也不可能老是输家。人要经得起失败，要经得住暴风骤雨的考验，更要敢于从不幸的败局中重新站立起来。有了这样的信念，人便不会在胆怯中举步不前、摇摆不定，眼前的任何困境也不会成为我们前进的阻碍。

人的一生难免会遇到湍流和险境，但如果你把一时的结果看得太重，就会让自己变得畏首畏尾，从而失去生命的斗志。失败其实并没有那么可怕，它是通往成功之路上必须要交的学费，是我们吸取经验、获得成长的大好机遇。没有经历过"输"的人，自然也无法收获最后的"赢"。

美国有一个青年名叫麦基，出身贫寒，没接受过高等教育，但凭着不凡的勇气来到了波士顿。

在波士顿，他结识了一位名叫荷顿的朋友，两人合伙开了一家布店。后来，他爱上了荷顿的妹妹，却遭到荷顿的反对。因为在荷顿看来，麦基没有什么能耐，根本配不上自己的妹妹。最后，麦基只得带着荷顿的妹妹离开布店，重新开始他们的生活。

婚后，麦基自己开了一家经营针线和纽扣的小店。本以为能大赚一笔，结果生意非常惨淡。麦基从这次失败的经历中明白了，不仅要考虑客户的需求，还要考虑顾客购买的可能性——有谁会为买一个纽扣而走很远的路呢？

在那之后，不甘心的麦基又先后开了两家布店，但结果都以失败收场。不过，他也从中明白了许多经营之道。比如，做生意要处理好从进货到销售过程中各个环节的关系，任何一种经营策略都要结合具体的环境才能发挥作用等。成长的代价总是惨痛的。几经波折之后，他几乎赔光了所有积蓄。

就在这时，当年嫌他没有本事的荷顿却找上门来，并愿意提供资金让他东山再起。荷顿认为，麦基这些年虽然经历了很多失败，但也从失败中获取了很多经验，增长了许多智慧，长了许多能耐。如今，麦基已经是一个合格的合伙人了。

在荷顿的帮助下，麦基又开起了自己的商店，并在很短时间内开设了许多分店。十年之后，麦基的生意扩大了数十倍，最终发展为全世界最大的百货公司之一。

成功者往往都是输得起的人，他们不是没被击倒过，而是在被击倒之后仍能够坚定地站起身，向着前方勇敢地迈进。

美国诗人惠蒂尔说："从不获胜的人很少失败，从不攀登的人很少跌倒。"想赢就不要怕输，想收获人生的辉煌就不要怕经历失败或是遭受打击。胜利固然值得骄傲，在拼搏中经受失败的人更值得尊重。只要你输得起，就一定有重新来过的机会。

# 积极的自我暗示可增强自信

积极的自我暗示可以增强自信，而强大的气场则可让人的心理暗示增强可信度。

在 20 世纪之后，心理学家们曾用无数实验和文字论述证明了潜意识的强大。从此，这个学术结论被广泛运用于成功学中，几乎每一位里程碑式的成功学大师都会在他们的教程里连篇累牍地讲授"自我暗示"的重要。

心理暗示的效力甚至蔓延到了临床医学。在西方，很多病人被诊断出得了绝症之后，医生只将诊断告知病人的一位家属，然后让病人以及其他家属蒙在鼓里，只告诉他们病人得的病不重。

然后，医生让绝症患者生存在一个没人认为他身患绝症的环境里，再辅之以积极治疗。没过多久，病人的病竟然奇迹般地痊愈了。

被誉为"现代短篇小说之父"的欧·亨利，曾写过著名的微型小说《最后一片叶子》，内容梗概是这样的：

一个叫琼西的女孩在学画的过程中得了肺炎。她躺在旅馆的床上，忽然注意到窗外常春藤上的叶子，从此便认定这些叶子是她生命的象征，等到最后一片叶子一落，她就要死了。

有一天晚上，暴风骤雨突然来临，她想那些叶子一定保不住了，于是哭得很伤心。但是，她第二天拉开窗帘一看，有一片叶子依然在。于是，她十分高兴，病也暂时有所好转。

其实那片叶子本来已经被吹落。她看到的那片叶子是一位老画家为她画在墙上的。

当一个人相信自己能做到某件事的时候，他就能做到——这不仅仅是一句口号。在临床医学上，无数人靠着这个信念战胜了病魔。

在生活或事业中，我们也要尝试这样去做，告诉自己没有战胜不了的困难。只有这样，你的道路才会越走越顺利、越走越光明。

在加拿大安大略省一个有些落魄的家庭里，有一个名叫金的小男孩。金学习成绩一般，唯一拿得出手的就是他能扮出各种夸张的表情。

后来，金长大了，决定去美国做演员。他给自己定的目标是 1000 万美元片酬。于是，他找到一张空白支票，在上面写上：支付给金 1000 万美元。

金就这样开始了他的演艺事业，每天起床，他都会拿出这张空白支票看一眼。终于，在 1995 年年底，金接到了一个 2000 万美元片酬的合同。他的梦想终于实现了。

金不是别人，正是主演了《变相怪杰》《冒牌天神》等电影的美国喜剧天王——金·凯瑞。

金·凯瑞的故事为我们塑造了一个心理暗示带来成功的典型范例。事实也是如此，当一个人遇到困难时，若只知道自怨自艾、妄自菲薄，认为自己不行，那么他就真的不行了。而像金·凯瑞这样，拼命地鼓励自己坚持住，就真的能够战胜困难。

有句话说得好，"战术上重视敌人，战略上藐视敌人"。我们要在细节和技术上做到完美，但无论面对多强大的敌人，都要抱着必胜的心态去战斗。

　　这就是心理暗示强大的表现，潜意识的主导其实来自心理暗示。一个人若拥有强大的自信，那么他潜意识的自我暗示一定很强。反之，则会被潜意识控制，常常堕入消极，难以自拔。

# 树立我很重要的自信心

内心脆弱总觉得自己没有惊世之举的能力，从心底认为自己是个凡夫俗子，但这些其实并不是左右你人生的数据。要知道，每一个生命都来之不易，我们要珍惜与热爱自己的生命，还要承载自己的责任、接受与付出爱。

在父母面前，我们就是被疼爱的对象；在爱人面前，我们就是那风雨同舟、相互扶持的典范；在子女面前，我们就是他们的保护伞；在朋友面前，我们就是推心置腹的对象；对事业而言，我们是其独具匠心的一分子……

面对这么多无法拒绝的理由，我们没有权利和资格说自己不重要，而应该有勇气告诉自己——"我很重要"。通过这种心理暗示，引导自己敏感的内心变得强大。任何时候都不要轻视自己，要充满信心地生活。

只要不将自己看轻，通过这样的暗示引导自己走向强大，你就不会被别人小看，这样的你也就离成功不远了。是的，"我很重要"，经常如此暗示自己，如此安慰敏感的内心，很多时候你的人生会由此揭开新的一页，绽放出美丽的光彩。

受"二战"的影响，战后的日本经济严重衰退，失业者的数目庞大。一家玩具生产公司濒临倒闭，为了减少成本支出，经理决定裁掉"不重要"的人，三种人名列其中：清洁工、司机、无任何技术的保安人员。随后，经理把这些人叫到办公室，找他们谈话，说明了自己裁员的意图。

"经理，您不能辞退我们，我们很重要！"清洁工第一个站出来反驳道，"是的，我们很重要。如果缺少了清洁工，工作环境根本就谈不上健康有序，在这样糟糕的环境下工作，员工们怎么可能会百分之百全身心付出呢？"

"经理，您也不能辞退我们，我们也很重要！"司机也站了出来说道，"我们生产的产品大部分是要销往外地市场的，没有司机去运输产品，公司也就失去了市场，公司还怎么发展呢，您说是吧？"

"他们都很重要，但我们也很重要，您也不能辞退我们。"保安人员挺直了身板，一字一句地说，"我们很重要，战争刚刚过去，许多人流落街头，如果没有我们，这些产品岂不要被流浪街头的乞丐偷光！"

经理觉得他们言之有理，经过再三考虑，他决定重新制定管理策略，不再裁员。后来，他们厂子的门口就出现了这样一块牌匾："我很重要！"只要一进工厂第一眼看到的便是这四个字，因此不管是一线员工还是白领阶层工作起来都非常卖力，一年后这家工厂走出了困境，成为日本有名的公司之一，员工们也大获其利。

你是不是有过类似这样的经历：比如，你和一群人经过促销柜台，促销员请每一位顾客试用商品，唯独你"落单"了；你工作认真勤奋，不怕苦、不怕累，但总得不到重视，加薪、升职的事情总也落不到自己身上？

在遇到这样的情况时，敏感的人或多或少会感觉自己被忽视、被忽略，甚至被轻视，于是会自问："凭什么，当我不存在吗？"为什么别人会视你如空气呢？换言之，是因为你的存在感不强。

存在感是什么？简单地说，存在就是一种感觉，即无论我们走到哪里、身处怎样的场合之中，都希望得到他人的关注，得到肯定和表扬，使自己感觉被重视，从而获得一种心理上的满足。人们内心的失落往往是因为缺少了存在感而引起的。

为什么有些人会没有存在感呢？这是因为，我们从小受到的教育都是"我不重要"，忽视了个体尊严和个体价值，内心的力量不够强大，在潜意识中总是习惯看轻自己，如此别人自然也会看轻我们。

因此，我们应该在内心深处树立"我很重要"这种自信心，以此让自己的存在感变得强大。

的确，一个人的存在感强不强、内心力量够不够，其本身是要负很大责任的。你的责任不能让别人来替你扛，只有独立才能让你闯出属于自己的一片天地，这并不是什么无稽之谈，只要付出努力就可以实现。

试想，当你经过促销柜台时，不妨告诉自己"我很重要"，在主动向促销员请求试用商品时，她肯定不会再忽略你；如果你真的工作认真勤奋，又能将工作做得非常出色时，你可以肯定自己的价值，如此存在感增强了，内心也就会变得强大，用自身的力量给对方带来强烈的震撼。

把"我很重要"这句话在心里反复述说，这就是一种自我肯定、自我激励的心理暗示……如此，一个敏感的人的内心力量可以得到进一步释放，调动自身的积极性，使行为充满力量。凡是获得成功的人，大多心中有着"我很重要"的强烈信念。

俗话说"红花也得绿叶衬"，这就表明了绿叶的重要性；皓月当空，没有繁星的陪衬也就少了一分美丽，所以繁星也很重要；有了鸟儿们的啼叫，森林才显得更有活力，于是鸟儿也说"我很重要"。

最后，让我们一起聆听当代作家毕淑敏的心灵呐喊——《我很重要》。

我很重要。

我对于我的工作、我的事业是不可或缺的主宰，我的独出心裁的创意，像鸽群一般在天空翱翔，只有我才捉得住它们的羽毛。我的设想像珍珠一般散落在海滩上，等待着我把它们用金线串起。我的意志向前延伸，直到地平线消失的远方……

我很重要。我对自己小声说，我还不习惯嘹亮地宣布这一主张……

我很重要。我重复了一遍，声音放大了一点儿，我听到自己的心脏在这种呼唤中猛烈地跳动。我很重要。我终于大声地对世界这样宣布。片刻之后，我听到山岳和江海传来回声。

是的，我很重要。我们每一个人都应该有勇气这样说。我们的地位可能很卑微，我们的身份可能很渺小，但这丝毫不意味着我们不重要。

重要并不是伟大的同义词，它是心灵对生命的允诺。

# 第五章

# 善于自控时间：不让人生在拖延中度过

# 不要为拖延找借口

人生在世，每个人都必须拥有责任感，不仅是对他人负责，也要对自己负责。而借口与托词，则是责任的天敌。然而，在我们的生活中，总是在为自己的拖延行为找借口的人到处都是。当他们接到任务以后，并不是立即、主动地处理，而是不断地拖延，并为自己的拖延行为找借口，致使工作无绩效、业务荒废。可想而知，这样的人怎么可能有工作和事业上的突破？

生活中，无所不在的借口像空气一样弥漫在我们周围。借口变成了拖延的一面挡箭牌，事情一旦没完成，就能找出一些冠冕堂皇的借口，以换得他人的理解和原谅。找到借口的好处是能把自己的懒惰掩盖，使心理上得到暂时的平衡。长此以往，因为有各种各样的借口可找，人就会疏于努力，不再想方设法争取成功，而把大量的时间和精力放到如何寻找一个合适的借口上。

有命令就要去执行，这是我们每个人都应该遵循的做事准则。因为懒惰，你的那些借口能为你带来一时的安逸、些许的心灵慰藉，却会让你付出更昂贵的代价。

李晓成从上学到工作一直生活在当地的县城。他毕业后成了当地某机械公司的员工，已经有五年的工作经验。五年来，他一直与单位的同事相处融洽，与领导也相安无事。可是，这一天他却失控了，居然与领导拍桌对骂。

其实，对这一点，同事和领导都不觉得意外，因为李晓成对待工作实在太不靠谱了，无论做什么事都是一拖再拖，经常会耽误其他人的工作。其实，原来的李晓成并不是这样，他的改变是从一次意外事故后开始的。那天，李晓成上夜班，可能是因为太困了，一不小心从架子上摔了下来，幸亏架子不高，腿只是有点轻微的骨折，到现在李晓成走路看不出什么异样。

然而，从那以后，领导安排李晓成什么事情，他都借口自己的腿不方便，毕竟是因为工作出的意外，领导也不好说什么。

然而，时间久了，领导也对他有意见了。一天，他还是和往常一样，比正常上班时间晚了半个小时来到单位。坐定以后，他接到一个电话，主任安排他随兄弟部门的车下乡一趟。于是，他便在单位门口等车。可是，一个多小时过去了，却没见到车的影子。于是，他就给主任打电话。谁知道，下乡的车早已经开走了。主任说："那你为什么迟到呢？"

李晓成赶紧来到主任办公室，想当面向他解释清楚。主任却说："今天，你必须得去。要不然就自己坐公共汽车去吧！"说完，又忙自己的事了。李晓成的怒火"腾"地一下蹿得老高，这明摆着就是在惩罚自己，而自己错在哪儿了？"我不去。"他冷冷地说。"嘭"，主任猛地一拳捶在桌上，咬牙切齿地说："今天你去也得去，不去也得去。"李晓成气急了，也砸了一下桌子。

这一瞬间，主任吃惊地望着李晓成，这时，办公室外已经挤满了来看热闹的人。

从那件事以后，主任好像有意冷落李晓成，他把办公室能处理的事情都交给别人做，这让李晓成寝食难安。最后，李晓成只好辞职，因为这家公司他确实待不下去了。

从这个故事中，可以看出李晓成总是拿曾经因工受伤这一借口拖延工作。因为拖延，他与领导产生了纠葛，最终只得辞职离开。

在做事的过程中，经常找借口的后果就是逐渐养成拖延的坏习惯。初始阶段，也许你会有点自责，但随着拖延次数的增加，你会变得盲目，甚至到最后你也认为自己做不到的原因正是借口中所说的原因。

很多人羡慕美国西点军校，"保证完成任务"是学员们的标志性话语。"保证完成任务"绝不是一句简单的口号，它是一名军人对命令的承诺，是勇士对责任的崇敬，是全世界的军人、战士对理想的执着。在西点军校，任何命令都是言必信、行必果的军令状，只有执行，没有任何借口可言。军人在执行任务时，遇到困难总是想尽办法克服，不惜一切代价坚决完成任务。

没有任何借口和抱怨，职责就是一切行动的准则！处在平凡岗位的人们，或许经常感叹为什么成功的机遇总是不光顾你，为什么领导不愿意让你担当重大事件的处理工作，为什么同事们不信任你？那么，不妨从现在开始反省，你是否有拖延、找借口的习惯？如果有，那就彻底把借口从你人生的字典中永远剔除。我们要从以下三个方面做出努力：

1. 克服懒惰，选择行动

一个人之所以懒惰，并不是能力的不足和信心的缺失，而是在平时养成了轻视工作、马虎拖延以及对工作敷衍塞责的习惯。而要想克服懒惰拖延的陋习，必须改变态度，以诚实的态度，负责、敬业的精神，积极、扎实而努力地做好工作。

2. 端正态度，直面责任

"积极高昂的态度能使你集中精力完成自己想要完成的工作。"

在工作中，应始终保持积极的心态。在任何时候，工作和责任始终都是捆绑在一起的，工作越好，责任越大，没有工作也就无所谓责任，要敢于负责。

### 3. 没有借口，立即行动

工作的最终目的就是把属于自己的分内任务做好，实现最大的效益。任何借口和拖延都是工作的敌人。工作的选择、工作的态度、工作的热情都建立在立即工作和立即行动基础之上，只有行动才会让这一切变成现实。

# 是宽容纵容了拖延行为

也许你也是一名拖延者，和所有的拖延者一样，你的内心其实也意识到了自己拖延行为的弊端，也希望自己可以对其加以戒除。然而，每次当你满怀希望地认为自己可以努力做到立即实施时，你还是被自己打败了，然后不断地重复，陷入拖延心理的怪圈。难道拖延对我们的诱惑真的就那么大吗，到底是什么让我们在不断地拖延呢？

拖延行为的产生是多种因素共同作用的结果，并非先天形成，而是后天所致，外在的因素，尤其是他人对我们的影响很大；然而，单单是外在因素并不能直接对我们产生作用，还需要内因的共同影响。所以，不要再把所有的责任都归结到他人身上，最根本的原因在于你自己。

那么，产生拖延行为的根源到底是什么呢？

我们知道，拖延的怪圈就像一个恶性循环般。在这一循环过程中，我们看到的是，我们的拖延行为一次次被原谅、一次次被宽容，然后还是继续一次次地拖延。宽容我们的对象，可能是我们自身，也有可能是他人，但无论是谁，我们总是走不出这样的怪圈。

　　小张毕业以后一直在一家网络公司工作，平时的工作并不是很多，老板人很好，对员工一直和蔼可亲，从不骂人，即便员工做错了事也是如此。

　　小张在这家公司已经工作四年了，他从没想过跳槽的事。但最近，他的几个朋友换了新单位，工资翻了一番，他心里直痒痒，想问问他们是怎么做到的。于是，一个周末，小张请他几个朋友一起吃饭，借机询问他们是如何做到换工作后工资翻倍的。

　　其中一个人说："哪一行都累啊，我们现在不比从前，虽然工资高，但也不轻松，以前工作还能偷偷懒、拖延一下，现在可不行，感觉随时都有人在催着我们做事，老板就像个剥削者一样，总是在压榨我们。"

　　"说的也是。不过话说回来，虽然我们老板很好，但在如今这家公司我确实感觉到自己越来越懒惰了，无论什么事，总是一拖再拖，我一直在寻找自己拖延的原因，但就是找不到。"小张说，"每次老板交代给我一件事，我觉得时间多着呢，不必着急，到老板催的时候我再开始也不晚，反正每次即使他催工作，我再晚几天他也不会说什么。还有，我发现，当我把工作成果交给他的时候，他还是照样把它放置到一边，过了好几天才会看。"

　　"你们老板也是个拖延者。"另外一个人说。

　　"是的，我觉得他也不会责备我，要知道，就这么一点儿薪水，他要再请员工，是没有人愿意来的，所以可能是因为老板对我的宽容让我不断拖延吧。"

从这段对话中可以判断出来，小张之所以不断地拖延，是因为他不断地被宽容。的确，无论宽容我们的是我们自己还是他人，只要有宽容存在，我们就找到了拖延的理由。

宽容其实也分很多种。首先是对自己的宽容，同时表现在替自己找借口、为自己辩解上。一旦我们的工作拖延了、迟迟未着手做某件事，我们总是能为自己找到各种各样的借口，尽管这些并不是真正的原因。我们找借口只是为了宽容自己，让自己不受到内心的责备。

比如，我们经常会在内心告诉自己："今天天气太冷了，去和客户谈生意，客户肯定心情也不好，所以我没去""女朋友昨天对我提出分手了，我的心情实在太糟糕了，我根本没有心情工作，这不怪我""晚上的汤实在太难喝，我到现在胃里还不舒服，实在无心加班。"我们似乎总是在等待一个绝佳的做事时机，然而，这样的时机存在吗？随时都有可能出现让我们情绪不佳的情况，难道我们就不需要工作了吗？

另外，即便我们心情不好、天气糟糕，我们还是可以坚持工作，因为我们的身体和大脑即使在这样的情况下还是能够正常运行。当然，如果你一味地找借口原谅自己，那你只能浪费时间。可见，借口和自我辩解都只是为了让自己的内心好过一点儿，不让自己有过多的负罪感。

宽容的另一个方面是来自他人的宽容。为了减少负罪感，我们会宽容自己。我们告诫自己，下次我一定会努力工作，但下一次你真的做得到吗？也许你确实下了狠心，但你发现没，自己的上司或老板似乎对这件事也不是太在意，当你告诉他由于一些原因还未完成工作时，他会告诉你："没事，再给你几天时间，慢慢来。"此时的你怎么想，是不是认为既然老板都不着急，我何必着急？很明显，老板的宽容更纵容了你的拖延行为。

除了自身的宽容外，他人的宽容也是我们产生拖延行为和习惯的又一大催化剂，我们常会这样认为：我只是一名员工，老板都不在意我是否如期完成，我又何必在意！于是，你更加肆无忌惮了。

还有一种情况，就如故事中小张的领导一样，上司可能也是个拖延者，他们也没有紧急意识，认为今天完成和明天甚至是后天并无分别，于是，我们也会"追随"他，认为何时完成工作无所谓。时间久了，你的拖延习惯形成后，也就陷入了拖延心理的怪圈。

宽容还有一种表现方式是自欺欺人和鼓励。当你再一次拖延后，你对自己说："这次虽然我没按时完成工作，但下次我一定努力及早开始，然后准时完成……"所谓的"下一次"只不过是自欺欺人而已，当你陷入到拖延的泥潭中，再想改善现状真的那么简单吗？我们还是在宽容自己，然后把希望放到下一次。当然，你已经认识到了自己存在拖延行为，那既然如此，为什么不努力改变呢？

如何改变是我们真正需要关心的内容，这需要我们从改变自己的意识开始，也许你认为作为一名员工，上司是你的行为榜样，他宽容你，你就不必在意自己的拖延，但工作只是我们人生的一部分，如果把工作中的拖延行为带到生活、带入我们人生的各个方面，那么，我们永远都会比别人慢一拍，我们的热情、梦想都会丢下我们，这样的人生难道是你想要的吗？从这一点考虑，我们都有必要戒除那些自欺欺人的宽容，将拖延的习惯连根拔除。

# 立刻行动才会戒除拖延

我们每个人思考一下，在工作中是否有这样的习惯——本来这个事情应该今天做，但当自己打开电脑正准备做的时候，忽然内心的另一个声音告诉自己，今天这么累了，明天做吧。结果，你就听从了这个声音，关上电脑，去开始自己的休闲生活。生活中有很多这样的时候，也有许多重要的事情，不是没有想到，而是没有立刻去做。我们总是找各种借口和理由，去拖延、去逃避责任。我们总是想着："有空再做、明天做、以后做""再等一会儿""再研究（商量）一下"，都是在为拖延找借口。但我们真正要解决问题，只有一个方法——马上行动，一分钟也不要推迟。

有时候即使只是推迟一分钟，也许好事就会变成坏事。实际上，在职场中，每个人都有拖延的坏习惯，只是拖延程度的大小不同而已。但是，优秀员工会将这种冲动扼杀在摇篮里，他们会时刻提醒自己："绝不拖延，立即行动"。

可见，一个工作效率高的人，其秘诀就是该解决的问题立即解决，绝不拖延一分钟。面对日趋增多的工作，你都不知道从哪里下手，最终的结果会更为严重。

因此，我们必须要记住，在工作中，每一分钟都非常重要。拖延时间，只会使我们在"现在"这个时期更加懦弱，并期待于幻想。

也就是说，我们总是想着事情能往好的方向发展，但始终都不能取得成功。而且，有拖延心理的人心情总是会不愉快，总觉得疲乏，因为应做而未做的事总是给他以压迫感，拖延一分钟并不能节省时间和精力；相反，它会使你心力交瘁，甚至失去工作机会。

孙浩是一家知名广告公司的文案策划，他的策划文案总是很有创意，这让老板对他格外器重。一次，老板将新签约的一家大客户的广告策划案交给他来完成，并告诉他最迟在月底完成。孙浩接过任务，心想还有半个月时间，不用着急，他有充分的自信可以在规定时间之内完成。

于是，他天天不急不慌地浏览网页、看看报纸、聊聊天，想着等到最后几天开始做一样可以完成，不必这么着急。

当孙浩玩得差不多了准备开始工作时，却被老板叫去参加一个广告学习研讨会，耽误了整整一天时间。他还是不着急，想着，那就第二天再开始做吧。

可是他没想到，第二天公司的电脑集体中了病毒，全部拿去电脑公司维修，又耽误了一天。没办法，孙浩找借口跟老板多要了一天，下班后自己再回家"赶夜车"，匆匆写了一份策划方案交了上去。

由于策划方案写得仓促，几乎没有什么新意，客户又催得急，连修改的时间都没有了。最后导致客户不太满意策划方案，公司为此赔偿了客户很多钱。虽然孙浩很有创意思维，但是讲究原则、办事严谨的老板还是将他辞退了。

员工一定要独立，一定要在规定的期限内完成工作，绝不能出现拖拖拉拉的情况。优秀的员工不仅能守时，而且他们深知，在所有老板的心目中，最佳的开始时间是现在、最理想的任务完成日期是今天。

美孚石油公司的创意人约翰·丹尼斯先生曾说："拖延时间常常是少数员工逃避现实、自欺欺人的表现。然而，无论我们是否在拖延时间，我们的工作都必须由自己来完成。通过暂时逃避现实，从暂时的遗忘中获得片刻的轻松，这并不是根本的解决之道。要知道，因为拖延或者其他因素而导致工作业绩下滑的员工，就是公司裁员的对象。"

但是，现实工作中就是有那么一群规避责任的人，他们总是消极地对待，做事拖沓，效率很低，也不愿意参与竞争。

小李是某咨询公司经理，同时兼任很多家公司的顾问。一次，他与某大型企业高级经理一起研究企业组织结构再造的问题。在立项初期，该公司的各项准备工作都做得不错：识别、确定关键问题；确立目标，形成策略，起草计划，一步一步都做得很好，小李看到他们的方案后也很满意，于是放心地离开了该公司。

但是令人失望的是，六个月后当小李再回到那家企业想看看有什么变化，他们的方案能否解决问题时，其看到的还是以前的面貌。从总裁到工人，没有一个人按计划行事，问及原因，经理们不是解释说"太忙，其他事情耽误了"，就是说"与其他人接触不上"，还有的说"遇到麻烦，计划搁置了"。小李不禁摇头苦笑，对经理们说："其实，这些都不是原因，真正的原因是你们的工作惰性。如果你们抓紧时间，立项之后立即付诸行动，相信绝不会是现在这样的状况。"

一家大公司竟然如此，可见不能将责任落实有多么大的危害。或许产生这种现象的原因与企业的管理方式有关，除去这个原因，放在个人层面上，其实就是拖延惹的祸。换句话说，就是拖延捆住了员工的手脚。因此，每个员工要在责任的落实过程中保持高效率，不要拖延，这样才能为公司创造业绩，同时也为自己的成功奠定基础。

阿辉、阿城是大学室友，他们两个同时被一家公司聘为产品工艺设计员。起初，公司给他们的月薪是很低的。

阿辉对低薪水感到愤愤不平。为此，他经常抱怨、推卸责任，还在工作时间和同事聊天，根本没有把工作的事情放在心上。

渐渐地，他养成了拖拉的坏习惯，办事效率极为低下。要他星期一早上交的方案，到星期二早上依然未做完，经理批评他，他带着情绪工作，把方案做得一塌糊涂。再后来，阿辉根本没想着怎么把工作做好，而是一味地推卸责任。

而阿城则不同。他虽然对低薪也感到不满，但他并未一味地去抱怨、闹情绪。他坚信，机会来自汗水，一分耕耘、一分收获，只有今天的努力，才能换来明天的收获；机会随时都在你身边；主动负责，实际上就是主动抓住机会。他下车间，熟悉工作流程，他的勤奋努力引起了厂长的注意，不久，阿城就被提拔为厂长助理，而阿辉因为对工作总是一拖再拖，最后被公司解雇了。

担任厂长助理一职后，阿城并没有因此而止步不前，依然是兢兢业业地做好自己分内的工作，他总是能在第一时间完成自己的工作；一些重要的、紧急的、需要决策的事情，他会及时向厂长汇报，并督促各部门坚持及时把工作做好、做到位。在阿城的组织管理和协调下，公司的生产效率得到了极大提高。

一个拖延，一个高效，导致两个人结局不同。社会心理学家库尔特·卢因曾经提出这样一个概念，叫作"力量分析"。他描述了阻力和动力两种力量。他说，有些人一生就是因为拖延的坏习惯束缚住了前进的手脚；有的人则是一路踩着油门呼啸前进，比如始终保持积极的心态和勇于负责的精神。可以说，他的这一分析同样适用于工作。如果你希望自己在职场中能更好地生存和发展，你就应该把自己的脚从"刹车板"——拖延上挪开，在规定的时间内把应该做的工作尽心尽力去做好。

# 勤奋是走向成功的唯一途径

发明家爱迪生说："天才，就是百分之一的灵感加上百分之九十九的汗水。"无论你拥有怎样的天资，唯有勤奋才能让你收获成功。勤奋就是坚持不懈地努力，而所有的赞誉和掌声只是这种努力后带来的结果。所以，当我们羡慕别人能够享受高品质的生活时，当我们为这个世界的不公而心生抱怨时，不如扪心自问：你是否是一个懒惰的人，是否做什么事情都一天拖一天，你真的足够勤奋吗？

拖延是一个很神奇的东西，它能够卸掉你身上一切积极的配件。当你想开足马力，勇往直前时，拖延会在内心告诉你：这么多事情，今天怎么能做得完，明天再做吧，从明天开始也不晚。当你听从拖延的建议时，你将会发现，你离勤奋越来越远，离成功更加遥不可及。

当被问及成功的主要原因时，比尔·盖茨回答说："工作勤奋，我对自己的要求很苛刻。"无独有偶，NBA 的传奇巨星科比在谈及自己成功的秘诀时也曾说道："我知道每天凌晨四点时洛杉矶的样子。"

天道酬勤，一个人的成功总是源于他的勤奋。一分耕耘，才能有一分收获，在通往成功的道路上，无不浸染着勤奋拼搏的血汗与泪水。我们只有奋发图强、坚持不懈、永不气馁，才能成功地实现自己的人生价值，才能得到幸福而激扬愉悦的人生。

菲尔普斯是当今泳坛的一段传奇，被誉为"永远不老的飞鱼"。

他有着比 1.93 米身高还长很多的超长臂展，肺活量是一般人的两倍。很多人都认为，他之所以能够在泳池里创造出一个又一个奇迹，都是得益于万里挑一的身体天赋。殊不知，那些被掩盖在金牌背后外人无法看到的付出、十几年如一日的辛勤汗水，才是真正激发其潜能极限的力量。

菲尔普斯说，只有天赋，你永远无法赢得那些奖牌。他从 11 岁起就以夺取奥运会金牌为目标，开始了极其艰苦的训练，正常孩子的娱乐活动从此与他远离。他每天都会在早晨 5 时 30 分左右起床去训练，即便是圣诞节也不例外；训练严格时，他每周在水里至少要游 1 万米。

没有这种坚持不懈的奋斗，没有这些超出常人的付出，就不会有世界纪录被一次次打破的精彩，他就不会成为泳池奇迹的缔造者。

菲尔普斯用自己的实际行动证明了，成功不只取决于天赋，更重要的在于你是否愿意为了 1% 的可能付出 99% 的汗水。很多人虽然天赋不错、家境优越，但却疏于勤奋，不肯付出努力，总是在各种不切实际的幻想中度日，最终只能是两手空空、一无所获。

中国著名作家冰心的《繁星》里有过这样一句话："成功的花，人们只惊慕她现时的明艳！然而当初她的芽儿，浸透了奋斗的泪泉，洒遍了牺牲的血雨。"每一位成功者的成长历程，所堆积的乃是超越常人的辛勤的付出。人生想达到一定高度，就必须不断攀登，哪怕疲惫不堪，哪怕伤痕累累，也要一步步向上爬，唯有如此才能登上人生的顶峰。所以，机遇和荣誉总是垂青勤奋者，我们要有一颗充满激情的进取心，以自己的理想为目标，发愤图强，矢志不渝，我们就能达到成功的彼岸。

斯蒂芬·金是世界著名的恐怖小说作家，他成长的经历十分坎坷，最潦倒时连电话费都交不起。但他凭着自己的努力，终于成为享誉全球的文学大师。谈起他成功的秘诀来，只有两个字：勤奋。

每天天亮时，他就会伏在打字机前，开始一天的写作。一年365天，他几乎都是在文学创作中度过的。他允许自己休息的时间只有三天：生日、圣诞节和独立日。

勤奋给他带来了永不枯竭的灵感。其他作家在没有灵感时就会去做别的事，让自己的心情得到放松。但他在没有什么可写的情况下仍然坚持每天写5000字，以此来保持创作状态。

有人说，阳光每天的第一个亲吻，肯定是先落在勤奋者的脸颊上。而斯蒂芬·金无疑就是这样的人。

人生路遥，步履维艰。只要我们远离拖延，以勤奋为准则，以不断进取为动力，永不停下向前的脚步，永不放弃自己的理想，即便生活中充满了荆棘与坎坷，我们也一定能拥抱成功的希望与辉煌。

德国政治家威廉·李卜克内西说："才能的火花，常常在勤奋的磨石上迸发。"勤奋是走向成功的唯一途径，没有勤奋，天才也会变成傻瓜。世界上从来没有不劳而获的美好，拖延从来不会带给人成功。我们只有通过勤劳的付出，才能获得丰硕的成果。

# 别让拖延带来悔恨

很多人总是习惯做事向后拖延一步。他们总是能找到很多借口、很多理由，或是因为外界环境太恶劣，或是因为自身准备不充分，或是还没等到行动的大好时机。总而言之，就是要继续心安理得地享受平静和安逸。可是，安逸久了会让人产生惰性，即便真的准备好了、条件成熟了、时机来临了，他们依旧不愿意采取行动，依旧享受着安逸之后的又一个安逸。直到失败结果降临的那一天，他们才真正体会到因拖延而带来的悔恨。

有一条人生失败的教训不能不为我们所铭记：心动的时候多，行动的时候少。你想成为一名健身达人，却总是告诉自己等天气好一点儿再开始锻炼；你想考取注册会计师的资格，却总是告诉自己等明年复习得充分一点儿再报名考试；你想创业开一家自己的店，却总是告诉自己等心情好一点儿、头脑清楚一点儿再实施计划；你想给父母和家人更多的呵护及关爱，却总是告诉自己等钱挣得足够多时再去考虑让他们过上更好的生活。

人生中很多大好的时光和机遇，就在这样无休止的等待中被错过。天上不会自己掉馅饼，世间的很多成就不是要等到万事俱备以后才有采取行动的理由，如果真是那样，为理想而拼搏也就没什么特别的意义了。做事之前计划周详能够减少出错的概率，但这却不能成为一个人畏首畏尾、瞻前顾后的借口，如果不能果断采取行动，再完美的计划和目标永远都是空想和纸上谈兵。

在美国南北战争时期，西点军校的高才生麦克莱伦将军被誉为"小拿破仑"。可他在与南方军交战时迟迟无法取得实质性突破，一时间成为笑柄。

他总是抱怨装备不够精良，抱怨没有足够时间训练士兵，还时常向总统提出各种各样的要求和条件。可当拥有了这一切时，他依旧以准备不充分为理由拒绝向敌方发起进攻，或是因过分谨慎不肯追击敌人而错过许多的取胜机会。

在一次非常关键的战役中，他因为犹豫不决、举棋不定，在军队人数是对方两倍的情况下错过了全歼敌军的机会，使战争不得不多持续了三年，因此造成了不计其数的不必要人员伤亡和财产损失。总统最终对他失去了耐心，解除了他的军职。

有人这样评价麦克莱伦："有一种超越任何人想象的惰性，只有阿基米德的杠杆才能撬动这个巨大的静止。"

拖延会导致战争的失败，也会让我们的人生一无所获。很多人总是抱怨自己情绪不好、状态不佳、时运不济，总想把今天该努力的事拖到明天再做。明日复明日，明日何其多。时间对我们每一个人来说都是有限的，我们拖延越多的时间，就会浪费更多宝贵的机会。更何况，成功本就不是唾手可得的，真等到一切都准备好了，别人或许早就先行一步，哪里还轮得上你。

很多人虽然有着雄心壮志，但到头来却一事无成，就是因为他们一直在拖延，将所有好的时光都消耗殆尽。那些真正能取得成功的人，往往都深刻地懂得行动胜于一切的道理。

美孚公司作为世界 500 强企业之一，在公司高层的办公室里都挂着一个写有"绝不拖延"字样的白板。"绝不拖延"是这家公司的行为准则。在他们看来，避免拖延的唯一方法就是随时行动，因为没人会为你的拖延承担后果和损失，每一名员工都不能拖延哪怕半秒钟时间。

人有时就要有豁出去的精神，不管未来的结果怎样，倾尽全力把眼前的事情做好。也许在取得成功之前，我们不得不放弃舒适安逸的生活，要进行很多枯燥乏味的努力，甚至忍受很多挫折和坎坷带来的煎熬，但这也正是人生奋斗的意义所在。正如戴尔·卡耐基说的那样："没成功之前要做与成功有关的事情，成功之后才可以做自己喜欢的事！"

美国著名政治家本杰明·富兰克林说："千万不要把今天能做的事留到明天。"拖延，往往源自对失败的恐惧。但如果你已经确定了自己的目标，就把这种恐惧暂时丢弃，全身心地准备放手一搏。等待和逃避不会迎来成功的眷顾，赶快行动、绝不拖延才是明智的选择。

# 珍惜时间、利用时间

我们每天起床的第一件事，基本上都是拿出手机，仿佛批阅奏章一样一条条刷着朋友圈，给这个留个言、给那个点个赞。在出门上班的路上，也是低头玩着游戏或者看着电影。低头族，已经成为现代社会的一个困扰。

让我们来看看那些匠人。在电视中，我看到一个经营豆腐坊的匠人天还未亮就起床，开始按部就班地制作豆腐。哪怕在不需要工作的时候，他也总是不放心地四处看看，要不就是坐在屋中闭目思考。

这就是我们普通人和成功人士的区别，他们的身心都放在了一件事上，无时无刻不在思考着如何能将它做得更好。而我们却每天都在浪费时间，想着怎么能让时间过得更快些、下班更早些。

在现代职场中，依然有很多职员和企业领导对时间概念非常模糊。在我们身边，这几乎是每个人都经历过的，而且好像都有自己合理的理由。其实，这是没有时间观念所导致的结果。时间就是成本，在还是职场新人的时候就养成时间观念，将会有助于以后的晋升和工作效率的提高。如果你想做一名好员工，以后想成为一位好领导，那就应该增强时间观念，不要虚度工作中的每一秒钟。

古人云："一寸光阴一寸金，寸金难买寸光阴。"中国人是世界上最早认识到时间管理重要性的，这也足以证明时间的宝贵。

对于那些除了聪明没有别的财产的人，时间是唯一的资本。可以说，时间就是生命。浪费时间就是浪费生命，主宰时间就是主宰生命。因此，我们应好好珍惜它、经营它、利用它，使它发挥出应有的潜能和作用。

年轻的阿曼德·哈默正是因为不虚度生命中的每一秒，才取得了举世瞩目的成功。

阿曼德·哈默19岁时，他的父亲患了重病，没有精力照顾和管理公司，就将与别人合办且面临倒闭的公司交给他经营。阿曼德.哈默当时还是大学一年级的学生，他将公司全部买下之后，既要合理安排时间学习，又要好好管理公司。怎样将这样一个即将倒闭的公司扭亏为盈，怎样将读书和工作很好地结合起来，这对年轻的阿曼德·哈默来说可谓是一个重大挑战。

平时，阿曼德·哈默要花大半天时间去工作，而不能去听所有的课程。于是，他请了一个同学替他在课堂上做好笔记，供他晚上工作回来后学习。这样，他既可以把更多的精力和时间放在工作上，不受约束地去经营公司，又能不耽误大学的课程。由于他从不虚度工作中的一分一秒，又经营有方，公司的效益有了很大起色。但那段时间，阿曼德·哈默每天都必须精确地分配时间，在照顾和经营公司的同时还要抽出几个小时集中精力钻研同学为他抄下来的笔记。工作和继续学业使他懂得了时间的宝贵。

由于善于经营时间、不虚度每一秒钟，阿曼德·哈默在工作上取得了惊人的成绩。22岁那年，他的公司纯利润超过100万美元，他成了一名年轻的百万富翁。他还顺利地修满了医学学士学分，获得了哥伦比亚大学医学学士学位。

阿曼德·哈默之所以能够如此高效——工作和学业双丰收，完全得益于他高超的时间经营艺术——善于珍惜时间、利用时间,不虚度一分一秒。

　　工作中,我们无时无刻不在面对时间管理的问题,无论是面对重大的人生转折,还是芝麻绿豆的小事,都要作一番抉择,而且必须自己承担抉择的后果。当然,结局不一定是美好的,尤其是在时间的安排无法符合内心的罗盘时。因此,我们需要向珍惜时间的人学习,他们都能巧妙地利用自己的时间,以便能在有限的时间内最大限度地做更多的事情。

　　人们常说:"不尊重时间,就是在浪费生命。"可见,时间的价值已远非自然经济和工业经济时代可比。虚度时间,既浪费了自己的生命,也浪费了他人的生命。凡是珍惜时间、不肯让一分一秒从自己的指缝中溜走的人,最后一定能在他的生命中打上"高效率"的标记。

　　时间的重要性如此突出,只有不虚度光阴、善于利用时间、珍惜时间的人才能更加接近成功,取得更高的工作效率。但是每个人每天只有 24 个小时,怎样才能胜人一筹呢?那就要珍惜每一秒,争取在有限的时间内创造出更多的价值。

　　那么,具体到工作中,我们怎样才能做到不虚度每一秒呢?你可以参考以下做法:

　　首先,合理安排时间。时间对每个人都是公平的,谁也不多,谁也不少。在同样的时间里,有的人可以高效地完成工作情,原因就在于他们通过事前的安排来赢得更多的时间。

　　其次,分清次序。按照事情的轻重缓急安排时间,并确定依次处理事情的方式。

　　再次,制订第二天的工作计划。在准确地制定目标之后就该制订时间计划了。

最后，留有计划外的时间。不要过分安排自己的事情，若把一天的时间都安排得满满的，没有一点儿空闲，那么一旦出现不可预料的事就会打乱全部日程。

# 消极心理导致了行为的拖延

拖延行为产生的原因有很多种，有可能是众多原因一起作用的结果。一些人会对自己的拖延行为感到自责，并希望下一次能及时着手工作，但一些人似乎本身就不对工作结果抱有良好的愿望，在他们看来，只需要做一做就可以了，正是因为这样的心态，让他们不断地拖延工作。

我们都希望自己的工作能力得到肯定，这是证明自身价值的一种方式，同事的认同、上级的赞扬或者升职、加薪，这都是我们所在意的，也是我们内心脆弱的地方。然而，一旦我们因为拖延而失去这些的时候，便会不自觉地在内心安慰自己：我根本不在意这些，我又没指望自己出类拔萃。其实这只是自我疗伤，越是自我麻痹，我们越是会拖延行动。

在这里，我讲两个发小的故事，他们两个有着同样的问题：

在公司甚至部门内部，很多人都不知道有小贝这个人的存在，因为她太普通了，普通的长相、普通的学历、普通的职位，其实这不是最主要的原因，问题是小贝自身，她自己从来不争取什么，无论做什么总是慢悠悠的。

有一次，我们俩吃饭，我问道："你不是说最近工作很多吗，完成得怎么样了？"她回答说："马马虎虎吧，周末前能完成吧。"

"你没想过更好、更快地完成工作，然后获得上级的嘉许吗？"我问。

"我没想过这些，一般般就好了，我觉得没必要表现得那么优秀。"

我另一个发小也是个行动"迟缓"的职员。他是一名程序员，在 IT 部门，也是个几乎快被大家遗忘的人。

其实，从上学时代开始，我这个发小就是个成绩不好也不坏的学生，按部就班上大学，按部就班进入这家公司工作。不过他最害怕的是得罪别人，所以他从来不去争第一。

他热爱篮球运动，也很擅长打篮球。一次，公司各部门之间要组织一场篮球赛，大家知道他有这一爱好，便让他也报名，虽然他推托了半天，但是盛情难却，便答应了。后来，他听说，他的部门主管也会参加，心想，万一主管所在的队输了，岂不是为自己树敌了。比赛这天早上，为这事儿思索半天后，最终他还是找个借口称自己不能去了。后来，我问他为何不参加，他说："我不想得罪人，反正我也没想比谁优秀。"

从我这两个发小的身上，可以看出他们两个都是拖延症患者，他们拖延的原因也都是他们不在意、不需要那么优秀。一个发小认为"一般就好"，另一个发小则不希望"枪打出头鸟""不想得罪人"。但无论如何，我们都能看出他们所具有的消极心态。

如果你也是这样的人，那么，不妨问一下自己，你真的不在乎吗？还是因为已经拖延了而不在意后果呢？真正的原因在后者。这种消极的心态一旦占据了我们的内心，就不仅仅是工作拖延这一问题了，我们还会变得行动迟缓、精力不足、缺乏动力、食欲不振，甚至可能忧郁，严重的还会产生心理疾病。反过来，如果努力破除拖延的习惯，凡事立即行动，便会改变我们的生活和工作状态，让我们充满活力。

当然，一些人可能会认为，"枪打出头鸟"，那些在职场太过进取的人通常会成为别人嫉恨和打击的对象，聪明的处事方式是比别人慢一点，这也是保护自我的方式。的确，职场切忌锋芒太露，但这并不是鼓励我们做事拖延。毕竟，"做事"与"做人"不同，领导和上级欣赏那些会为人处世者，但他们不希望员工行为拖沓、耽误工作。所以，真正聪明的职场人总是奉行低调做人、高调做事的行为准则，他们从不放弃的一点便是努力学习、充实自我。

韩蕾蕾是北京一家软件公司的职员，和销售部的其他女职员不一样，她从来不和这些女孩子一起叽叽喳喳，也不经常去逛街、买衣服，闲暇时，她经常会买一些书籍来看。因此，在进入公司的两年时间里，她除了掌握销售技能外，还对软件技术方面有了一定了解。渐渐地，技术部门的一些工作她也能接受，这让公司的其他同事都对其刮目相看。

老总迈克把这一切都看在眼里，本着培养人才的态度，他将选派出色的员工前往德国总部学习四个月的机会给了韩蕾蕾。这个决定一出，公司里的"白骨精"们全都忌妒得红了眼睛。大家都知道：此前半个月，销售部经理已经移民海外，此次学习经历无疑会为争夺销售部经理这个"肥缺"增添一枚重要的砝码。对此，韩蕾蕾当然也是心知肚明。面对公司销售部很多老员工的怨声，迈克开了一个会，会上是这么说的："软件行业，无论是技术还是销售，都要不断地进步。没有进步，就没有市场，在韩蕾蕾进公司的这段时间里，她的进步是大家有目共睹的，我之所以把这个机会给韩蕾蕾，是想激励大家，在公司，都是用实力说话的。"听完后，迈克的那些员工们都不再说话了。

韩蕾蕾之所以能"鲤鱼跳龙门"，被上司直接提拔，并不是能言善辩、会拍上司马屁，而是因为她能不断地学习、充实自己。毕竟，在现代企业里最排斥的就是工作效率低下的人。

总之，我们可以看出很多拖延者的心理——"我不需要那么优秀"只是一种自我安慰，或是为了不想让自己那么辛苦而找出的借口。这样，一旦他们行动拖延时就不必自责了。正是这样一种消极心理，导致了他们长期行为的拖延。为此，我们在工作过程中有必要改正这一心理，努力调整自我。

# 懒惰会拖延你成功的脚步

懒惰和拖延常常是相伴而生的，两者经常会把你的生活搞成一团乱麻、毫无头绪。战胜拖延本身就是一场持久战，要去战胜久经岁月而沉淀下来的一种很不好的习惯，并非是一朝一夕能够做到的。所以，在战胜拖延之前一定要做好心理准备，不能因为在短期内看不到效果就放弃。

有一只青蛙住在路边。有一天，它又开始了每天必须要进行的工作——在大路上晒太阳。突然，它听到有同伴在叫它："嘿，老兄，老兄，你听到我的话了吗？"

它懒洋洋地睁开自己的眼睛，才发现喊它的是住在田地里的青蛙，它正在手舞足蹈地和自己打招呼，嘴里说着："你在那里睡觉实在是太危险了，搬过来和我一起住吧！这里不仅凉快，而且每天都有虫子吃，不用担心温饱问题，这里还特别安全。"住在田里的青蛙非常热情地邀请路边的青蛙。

可是，住在路边的青蛙却表现出一副很不耐烦的态度，它非常讨厌别人对它的生活指指点点，尽管它知道别人是为它着想，可内心里还是不喜欢。它就和对方说："我在这里已经习惯了，懒得搬过来搬过去的，太麻烦了，这里也很安全，而且也有虫子吃，没有必要非搬到田里去。"

住在田里的青蛙摇了摇头，无可奈何地走了。几天之后，住在田里的青蛙放心不下住在路边的青蛙，决定到路上去看看它。不幸的是，它发现住在路边的青蛙已经被车轧死了。

很多人看到这个寓言故事之后首先想到的就是自己，如果自己再这样懒惰下去，是不是也会和住在路边的青蛙一样难逃厄运呢？大多数人都感觉自己已经习惯了，突然间改变自己会很难适应，而且在短期内就取得成效也是很不现实的。但是一想到自己因为懒惰而引起的种种麻烦和后果，就感觉十分苦恼，于是就下定决心改掉懒惰的毛病。

拖延看起来和懒惰没有什么关系，但其实拖延的产生和懒惰是有一定关系的。戒掉了懒惰，你就成功了一大半。

拖延和懒惰互为帮凶，是不能按时完成工作的两大杀手。懒惰的人其实心里形成了一种惯性，他们喜欢做事情"得过且过""做一天和尚敲一天钟"，对于自己的工作不会有"今天的工作一定要有新的突破"这种要求，这是一种典型的"混一天是一天"的心态。

由此可见，懒惰就像是一场风暴，是我们常说的隐形瘟疫，其后果很严重。我们可以自欺欺人地认为自己在偷懒，享受着偷懒之后的愉悦心情，但事实上我们受到的伤害是任何人都无法代替的。

懒惰之人往往人际关系并不如表面上那么好，这就像是明明自己犯了错误却要别人替你承担错误一样。办公室里经常进行轮流值日，到了该自己值日的时候，却因为懒惰的缘故不去做，最终同事看不下去了，帮你做了这件事。你事后装作恍然大悟终于记起了这件事，然后就向别人表示"真是太感谢了，下次该你值日的时候我做就行了",但是事实上等到第二次值日的时候你会继续装聋作哑。久而久之,也就没有人愿意帮你做这件事了。现在我们所处的社会比较讲究效率,每个人都在努力前行,而你的懒惰只会拖延你成功的脚步。长期下去,愿意和你同行的人就会变得越来越少。

第六章

# 自控说话分寸：才不会出口伤人

## 遇事不要急着与人争辩

如果你想和别人有一个良好的关系，就要时刻注意自己说话的语气；如果你想和对方交朋友，就不要总是和对方在一些小事上争论不休。其实，每个人都有自己的观点，不可能让每个人都和我们想的一样，因此应该时刻抱着宽大的心，让自己可以接受更多的不同意见。

每个人的生活背景不同、生活经历不同，因此每个人的思想也不一样。当我们想和别人交朋友时，就要先意识到这一点，知道每个人的想法必然有不同，这样就不会为彼此的想法不同而懊恼了。有些人比较低调，他们不喜欢与人争执，即便大家的思想不一样，他们也可以各过各的，互不影响；但是，有些人却爱认死理儿，而且比较高调，总想和对方争个高下，事实上这种争执对他们来说没有任何意义。

如果你和朋友为一个并非涉及原则性的问题争一个高下，那么自己最终能得到什么？不过是朋友之间伤了和气罢了。也许是为了逞一时之快，但是即便你在争辩时赢了，可是在人际关系上却输了，聪明的人从来不会为这些小事或是为了显示自己懂得更多来和朋友争辩。你要问问自己，是逞口舌之快重要呢，还是拥有一个朋友重要？如果为了争辩而失去了朋友，那绝对是不划算的。

王平在学校的时候成绩就一直名列前茅，而且不只是成绩优秀，他还是班里和学生会的干部。平时，很多事情都是由他来拿主意，因此他一直觉得自己很优秀。但自从出了校门后，这种状况就改变了。他现今只是一个公司的普通员工，原来在学校里的那种光环不见了，但他依然心高气傲，不管做什么都不服管，总觉得自己有一番道理。作为一个职场新人，王平吃了不少苦头。

一次，他和办公室里的一位前辈因为一个程序处理问题吵了起来。他觉得自己编写的程序是对的，而那位前辈认为他写的程序稍微烦琐了些，其实有更简易的写法，因为程序写得越烦琐以后出故障的可能性就越大。但是，王平却觉得那位前辈是在故意刁难他，因为他的程序本来没有错，就算是写得复杂了点同样可以达到效果，干吗非要拿这件事让他当众出丑呢？于是，王平自以为是地据理力争，不管怎么说，他就想让自己的成果得以应用。事实上，他和那位前辈争吵之后，由总经理出面，他的程序还是要改，因为这关系的不是他个人的利益，而是整个公司的利益。其实，王平心里也明白，程序修改一下会更好，但他为了自己的面子就不管不顾了。自此以后，总经理对他有了偏见，办公室里其他人和他也都比较疏远了。他不仅没有争辩过那位前辈，还赔上了自己技术不过硬的坏形象，这就叫"一步走错，满盘皆输"。

王平开始反思自己：尽管自己在学校的时候是个风云人物，但那只是在学校而已，与真实的社会相比，那就像一个过家家的游戏。他开始明白，在职场中想要获得好人缘，得时刻保持谦虚谨慎的态度，与人交往的时候不要老想着一争高下，适当的时候多恭维一下别人也是必要的，毕竟自己还是新人。他想到这里，就知道自己应该怎么做了，于是他开始尽力去改变这种境况。在一次午休的时候，他当着大家的面给那位前辈道歉，并希望大家都能接受他这个刚入社会不久的新人的歉意，之后邀请大家一起去吃自助餐，算是为那天的事赔罪。

在王平的邀请下，大家都欣然接受了他的好意，后来在办公室里他和大家的关系也渐渐好了起来。

从王平的故事里可以看出，一个人如果喜欢与人争执，可能会被认为是一个不易相处的人。那么，当你想要再与别人建立联系时就会比较困难了。

大家要记住，遇到什么事情都不要急着与人争辩，先考虑一下是否是自己的原因。如果真是自己错了，那就应该听取别人的建议。如果这个时候还要和别人争辩的话，那就是无理取闹了。事实上，如果与他人争辩，即便是真理掌握在你的手上，你也该语气平和、娓娓道来，而趾高气扬地和人争辩，就算你说服了别人，别人在面子上也过不去，之后对你将心存芥蒂。当然，如果在迫不得已的情况下，你也要选择合适的时机，采取合适的方式，来向对方解释和阐述自己的理由。

总之，争辩不会为你带来朋友；相反，你可能会因此而失去更多的朋友。

# 学会欣赏和尊重别人

有这样一类人，他们总是自我感觉良好，做什么事都只以自我为中心，置他人的需求于不顾。这主要表现在：第一，不关心别人，与他人关系疏远；第二，固执己见，唯我独尊；第三，自尊心过强、过度防卫，有明显的嫉妒心。

总的来说，这种人心里只有自己，从来不考虑别人。原因是，他们拥有严重的个人主义思想。

毫无疑问，这种自我意识对他们自己的发展有百害而无一利。由于过度追求个人利益，他们在实现崇高理想的同时也失去了良好的人际关系——没有人愿意同他们这种自私的人合作共事或终生相伴。

坦白地说，任何人都有自私自利的思想，尤其是现今独生子女较多，他们从小就是整个家庭的核心，长辈大多都过分地爱护甚至是溺爱他们，使得他们在不知不觉中养成了自私自利的坏习惯，在交际中会忽视别人的感受。

向南是某公司销售精英，正在奔着销售部副经理的位置努力着。这天他回到家，高兴地对小鹿说："老婆，告诉你一个好消息，今天开会的时候，领导对我提的方案很满意，还说……"

"真的吗？"小鹿心不在焉地说，她正在修剪一盆百合花，"那真是个好消息。老公你看，这盆花打理得好不好看？对了，咱家马桶不抽水了，你一会儿去看看好吗？"

"当然好啦。我刚说领导听取了我的建议，说真的，开会的时候我真有点儿紧张，但他们终于发现了我的才华，说不定……"

"是啊，我早就说过你是怀才不遇。"小鹿插话道，接着又说，"我买了咖喱粉，晚上我们吃咖喱饭吧。对了，下午表妹给我打电话，说要过来住两天，我去收拾一下客房，你先去厨房削土豆吧。"

直到这时候，向南才发现在这场沟通中他彻底被老婆打败了。没办法，他只好闷头走进了厨房，而小鹿却丝毫没注意到向南的情绪。

看到这里，大多数人都认为小鹿自私极了，只在乎自己的问题。其实，小鹿和向南一样，都想找一个倾听者，可她把倾诉的时间弄错了。如果她能耐心地听完老公想说的话，再跟他聊自己想说的话题，两个人的相处会很愉快。

每个人都想获得利益、避免伤害，这就是人性。如果可以，我们都想按照自己的想法去生活，在交际中获得最大的利益。可是，人们之间总是相互制约的，每一个变量的改变都会对整个沟通产生深远的影响——就像"蝴蝶效应"一样，美国太平洋海岸的一只蝴蝶仅仅扇动了一下翅膀，就能引起对面海岸的一场海啸。所以说，事物的发展往往不会按照个人的意愿进行。

社会学家指出，人际交往中最简单、最实用的原则就是"你喜欢我，我就喜欢你"。所以，你若想得到别人的欣赏和尊重，首先要学会欣赏和尊重别人，人类的发展就是这样相互制衡的。

有人说，你能在某段时间骗了某个人，也能在某段时间骗了所有人，可是你不能在全部的时间里骗了所有人。你是什么人，大家迟早会看出来，到那时你的信誉就会像多米诺骨牌一样迅速坍塌。

因为人际关系是一种互动中的平衡，如果你不幸违背了这一原则，那么你很快就会得到教训。比如，曹操刚刚说了："宁我负人，毋人负我！"陈宫就想："（曹操）原来是个狼心之徒，今日留之，必为后患。"于是，他就起了杀曹之心。虽然陈宫最后没能杀掉曹操，但也不再辅佐他了。对曹操来说，失去陈宫是一个非常大的损失。

在现实社会中，每个人都有自己的欲望和要求，并且享有相应的权利和义务，但是现实不可能满足所有人。如此一来，就很容易出现矛盾。因此，我们不能一味地为自己考虑，而要客观地面对现实，学会礼尚往来和包容。当然，我们也不应该放弃自己的合法权利和正当欲望的满足——要是每个人都以自我为中心的话，大家都不会有好日子过。

我们要跳出自己的圈子，提高自己的修养，控制自我的欲望与言行，多为身边的人着想，学会尊重、理解和关心、帮助别人。只有这样，在你需要帮助的时候，别人才会伸出援手。

# 不要因为说话得罪人

当你步入社会后会慢慢地发现，那些从前在课本里学来的心直口快、仗义执言、直言不讳等行为，在这个现实的世界里显得那么不成熟。因为，那些口无遮拦的人总是轻易地就得罪了某些人。

谷雨平时为人热情，多次帮助公司的女同事介绍对象。但结果是成的少，无疾而终的多。在公司里，有一位30多岁的女同事，谷雨多次给她介绍对象都没成。谷雨一时心急，就在闲聊时大发感慨地说："三四十岁还不结婚的人心理肯定有问题。"语毕，那位女同事很生气地说："我怎么就有问题了，你这么说话合适吗？"

谷雨也觉得自己说话过分了，连忙补充道："对不起，我不是说你，我是说男的。"说完，才想起来办公室里还有一位快到40岁的男同事至今未婚。最后办公室一片静默，好好的气氛就这样被破坏掉了。

年轻人一定要管好自己的嘴，别像谷雨那样，什么话都不经过思索就脱口而出。这样很容易伤害到别人，自己在别人心中的美好形象也会直接下滑，最终成为一个不受欢迎的人。

露露为人直爽、说话直接，同事们经常说她口无遮拦，说话永远不经过大脑。就因为说话口无遮拦，露露常常不顾及别人的面子，所以有时得罪了人她还不知道。

一次，朋友郝灵买了一件新衣服，很贵、很漂亮。但遗憾的是郝灵的身材因为刚刚生完孩子有些臃肿，衣服穿起来有些不合适。

朋友们都看出来郝灵很喜欢这件衣服，所以都不忍心打击她，纷纷赞扬起来："这样的衣服才显出你的气质，穿起来真好看，虽然贵了点儿，但物有所值啊""这件衣服真好看啊！在哪儿买的，哪天我也买一件"……

这一系列的赞美让郝灵很受用，她非常高兴。可是这时露露却突然说："你太胖了，身材都变形了，穿这衣服真是不好看，你看你的小肚子都露出来了，多难看啊！而且还那么贵，也没见得好在哪儿啊，我看也不值那么多钱，有这些钱都能买好几件不错的衣服了……"

还没等露露说完，郝灵便气愤地走了。其他朋友也很生气："你是实话实说痛快了，可这不显得我们很虚伪吗……"

以后，大家在聊天时总是躲着露露，毕竟谁的面子也不禁伤啊！

俗话说："病从口入，祸从口出。"像露露这样口无遮拦，虽然逞了一时口舌之快，最终却伤人伤己。

步入社会以后，你就没有童言无忌的豁免权了，如果你继续口无遮拦，只能让你处于朋友不待见、同事不喜欢的尴尬境地，最终交友失败、事业失败。所以，年轻人一定要先明白这个道理，然后在与人交往时牢牢把握好说话的尺度，避免口无遮拦。只有这样，在与人交往时才能保证自己不会因为说话而得罪人。

# 倾听才是最好的赞美

人有一张嘴和两只耳朵，启示我们多听少说。在生活中，善于倾听的人才算是有魅力的人。尊重别人和赞美的方式之一就是倾听。大家都知道，在人际交往中，那些能说会道的人不是最善于与人沟通的高手，真正的高手是那些懂得倾听、善于倾听的人。也许你会认为，在人际交往中我们都没和对方说几句话，何谈给对方留下深刻的印象呢？可是大家忽略了一点，正是因为倾听让我们给对方留下了良好的感觉。

乔·吉拉德花了近一个小时才好不容易让他的顾客下定决心买车，接下来的步骤很简单：仅仅是把顾客带到他的办公室，签好合约。

就在他们走向乔·吉拉德办公室的时候，那位顾客突然说起了关于他儿子的事情。

顾客十分自豪地说："乔，想必你一定知道普林斯顿大学吧？我的儿子被那所大学录取了，他将来就要涉足医学这个行业了。"

乔·吉拉德回答："真是太了不起了！"

当两人继续向前走的时候，乔·吉拉德并没有看向自己的那位顾客，而是四顾看其他的顾客。

"乔，我儿子很聪明吧？当他还是婴儿的时候，我就发现他非常聪明了。"

"哦，那还真是有才华啊，成绩相当不错吧！"乔·吉拉德嘴里应付着，眼睛却像雷达一样在四处看。

"当然了，没错！他是班里最棒的一个。"

"这么厉害！想必一定有一个很不错的专业吧？他将来要做什么呢？"乔·吉拉德心不在焉。

"乔，我刚才已经说过了，我认为你并没有认真听我说，我儿子考上了普林斯顿大学，以后要当医生。"

"哦，那太好了。"乔·吉拉德说。

那位顾客觉得乔·吉拉德不是很尊重自己，于是，顾客打了一声招呼便走出了车行。乔·吉拉德木讷地站在原地，因为他还没有意识到自己究竟哪里做错了。

次日上午，乔·吉拉德一上班就给昨天那位顾客打电话，诚恳地致歉道："我是乔·吉拉德，昨天是我照顾不周，希望您能原谅，现在我们这里有一款新车，您能来一趟车行吗？"

电话那端，顾客不耐烦地说道："哦，原来是这个星球上最伟大的推销员先生啊，抱歉地说一句我已经买到了新车，而且是一辆很棒的车子。"

"是吗？"

"没错！我是从一个懂得倾听的推销员那里买到的。乔，要知道，当我对他提到我儿子让我多么骄傲的时候，他是多么认真地听，而不是东张西望。"顾客接着说道，"你知道吗？乔，倾听对一个人来说就是尊重，我儿子当不当医生对你来说并不重要。对你来说，谁签不签合同才最重要！顾客的喜恶你完全不在意，也不懂得如何去认真聆听，真是个笨蛋！"

在那一瞬间，乔·吉拉德才恍然大悟：原来自己犯了个如此巨大的错误——没有人会喜欢不听自己说话的人。

我们在日常交流中应该多听听他人的诉说，满足他人倾诉的愿望。人都是这样，只有感到别人认真听自己的倾诉后，才会有一种被尊重感，继而才会有更深入的谈话。年轻人只有认识到这点，为人处世才会变得顺利，离成功也就不会太远了。

美国著名谈话节目主持人奥普拉是鲁豫的偶像。鲁豫和奥普拉的相似之处都是以亲切、知性的邻家女孩形象出现在电视荧屏上的，很多人都被她们那种轻松随意的谈话方式被征服，尤其是那种"倾听式"的主持风格让人印象深刻。

鲁豫就是一位十分懂得倾听的主持人。记得在一期节目中采访易中天，鲁豫就用这种方式让易中天在节目中畅所欲言，从而达到了良好的收视效果。

例如，在节目中，鲁豫想了解易中天在学校教书时和在《百家讲坛》中讲座时有何区别，就对易中天说道："您积累了这么多年讲课经验，所以在《百家讲坛》开讲座也并非一件太难的事吧？"

鲁豫明白，每一个大学教授在做电视节目时刚开始都会有明显的不适应，而鲁豫又没把这个问题明说，通过几句对易中天的赞美，把这个问题看似简单地抛了出来。而易中天果然对做节目有很多的"苦"想诉说。听了鲁豫这样抛砖引玉似的提问后，易中天感叹地说了一句"难啊"，然后便开始讲述上课和电视上讲座的区别到底有多大。从"以前有很多学者在《百家讲坛》失败的经历"说到"电视观众和学生的不同反应情况"，从"电视剧与话剧的区别"说到"电视讲座所要借鉴的戏剧要素"……像打开的水龙头一样滔滔不绝。

在易中天讲述的过程中，除了一处必要提问外，鲁豫和其他观众一样都是在扮演着倾听者的角色。正是这种倾听的氛围使易中天情不自禁地展开了更宽广的话题，也使观众们更深入地了解了易中天，当时的节目现场也是掌声不断。

倾听就是对别人的尊重，有时候对别人最好的尊敬就是倾听。专心地听别人讲话，胜过你给别人很多的赞美。不管说话者是什么人，倾听能达到的功效都是一样的。人们的共性就是把关注点放在自己的兴趣和喜好上，同样，当你在谈论自己的时候，对方在全神贯注地听你讲，你心中自然而然会产生一种被重视的感觉。

# 不要触碰他人的伤疤

每个人都会有或多或少的污点，毕竟人无完人，但在交际中，我们绝不能只盯着他人的污点看，甚至对其不屑一顾。这是无礼的表现，不仅会伤害他人、树立不必要的敌人，还会影响到自己在大众面前的形象。

沟通是一门学问，如果总是轻易对有污点的人失礼，盲目地自我感觉良好，就容易处在危险之中。久而久之，自己也会失去人心。

张冰是高级俱乐部的会员，俱乐部每个月都会举行社交宴会，每次都会来很多名人，是拓展人脉的绝好场所。所以，在这里，大家都会尽情展示自己的交际之术，以此来获得别人的关注。

张冰性格比较冷傲清高，她来这里的目的就是寻找完美的合作人。在交谈之中，她从别人口中听到了科技大亨 Mr. 张的"丑闻"。

据说 Mr. 张离过三次婚，最近的一次是上个星期之前。他的"小媳妇儿"偷了他很多钱，最后跟别人跑了。

张冰一听就对他满脸不屑，她认为这么花心滥情的人简直就是可耻的。

"Hi，你们好，我是 Mr·张，很高兴认识你们。"话说没多久，Mr·张就过来打招呼。其他人都很热情地给予了回应。

"哼。"张冰满脸不屑，她理都不理 Mr·张，径直走开，跟其他人打招呼去了。Mr·张非常尴尬，他深深地记住了张冰。

有好几个朋友都提醒张冰，不要太过情绪化，不能对别人无礼，哪怕是有污点的人也会有了不起的一面，说不定还能成为合作者呢。可张冰年轻气盛，对大家的劝告不屑一顾。

这世界真小，后来有一次张冰跟着同事去会见客户，结果正巧碰到了 Mr·张，他什么也没说，只是含笑看着张冰。

这时，张冰懊悔死了，她真后悔当初让 Mr·张下不了台，现在对方肯定不会跟她合作了。事实上，Mr·张是非常理智的科技大亨，他没有太为难张冰，但合作期间也只跟张冰的同事详谈。此刻，张冰才真正意识到当初的失礼是多么不应该。

从那之后，她再也没犯过类似的错误，她时刻铭记着，他人的污点绝不应成为自己失礼的理由。

所有人都有缺点，甚至是污点，如果只盯着他人的污点看，必然会变得心胸狭隘、斤斤计较，因失去更多朋友而变得更加孤独。

在与人沟通时，要时刻注意维护对方的面子，毕竟在交际场合，面子对每个人的意义都是非常重要的，所以最好不要做失礼的事。不要逞一时之快，而在人际关系中落于下风。

拿别人缺点说事的人，不仅会得罪当事人，旁人也会认为他无知，反而会损害自己的形象。当听到闲话时，我们还要及时制止，体现我们的理性和睿智。

除此之外，在跟人相处时，要多肯定他人的优点，每个人都有想得到肯定的心理。每个人都有缺点，也会有优点，多肯定他人的优点才能跟大家友好相处。当别人都在拿他人的污点说事时，如果你能肯定他的优点，必然会收获感激，他日获取帮助时也会容易许多。

李亮是个朝九晚五的上班族，他最爱在下班的时候买水果。一天，楼下来了个卖水果的新摊子，他决定去买一些。

结果，他挑完水果之后才发现自己的钱包不见了，他找了很久也没找到。当时，真是尴尬极了。

"你是李亮吧?"卖水果的男子居然认出了他。

"对，对，我是。"李亮连声承认，但却不认识摊贩。

"我是小杜啊，之前在你们公司上过班，你不记得了?"

说到这里，李亮才有了印象。当时，小杜娶了一个长相难看的妻子，大家没事都笑话他，只有李亮一直很尊重他，肯定他的工作能力。

"这些水果你拿着吃吧。"小杜非常热情，让李亮感动不已。

虽然是件小事，但不难看出，多肯定他人的优点、少说缺点是赢得大家喜爱的好办法。

而如果在谈话时非要提及他人的污点，这时就要掌握正确的方法了。语言要含蓄，说法要委婉，最好一带而过。如果说话太过直接，很容易伤害对方的自尊，将矛盾激化。

每个人都有缺点，如果我们能客观真诚地看待评价，相信他人也不会说什么，但万不可出言不逊、幸灾乐祸，如此失礼，后果会很严重。

在跟别人说话时，要客观看待他人，讲究正确的交谈策略，不主动提及他人的污点、不触碰他人的伤疤，用温和的态度以礼相待，你会发现，你的世界会宽阔许多。

# 给失意人留个台阶

人生不会永远一帆风顺，谁都有时运不济的时候，不论何时都要给自己留一条后路，凡事不能做绝。在得意时，不要把别人逼进死角，要给对方台阶下。这不仅是给对方机会，也等于是为自己留了扇窗户。

"三十年河东，三十年河西"，如果当初给他人留了后路，落魄时对方也会对你伸出援手。如果之前太过盛气凌人，别人只会对你嗤之以鼻。

刘静大学毕业后，和她的一名同学王艳进了同一家服装公司。因为是校友，所以两人很要好。但后来，刘静就开始发牢骚，而牢骚的主要原因是两个人开始暗地里较劲儿，都想早日被评为优秀员工，好升职加薪。

有一次，刘静整理的数据出了问题，领导在办公室里狠狠批评了她："你来公司这么久了，怎么都不长心啊？这么简单的事你也出错，真是让我太失望了。"

这时候，王艳正好也来交东西，看到这一幕不但不给刘静台阶下，还趁机添油加醋地讽刺："我们是同一天来公司的，算算日子也不短了。"王艳的讽刺之意非常明显，刘静心里很生气。

领导又批评了刘静几句才让她出去重做。

"你刚才在办公室为什么添油加醋？再怎么说我们也是校友啊！"刘静拦住王艳质问她。

"我哪有啊？"王艳还不承认。

"你还不承认，以后你有事别求我！"刘静一时生气，开始发火。

"求你？哼，我才不会出错，咱们今天就一刀两断，以后走着瞧。"王艳把事做绝了，没有考虑这样做的后果。

三个月之后，刘静被评为优秀员工，提了组长，成为王艳的上级。虽然刘静提了组长，但对王艳也没有什么报复的心理，毕竟两人是同学，也是好友，不能因为工作上的事失去了一个朋友。虽然刘静这么想，但每当她和王艳再见面时还是会尴尬，而王艳因为当时说话带刺让她在面对刘静时很不自在，最后没办法，只好辞职，重新找工作了。

俗话说："饭可以多吃，话不可以多说，事不可以做绝。"这是为人处世的重要原则，也是中庸之道的重要表现。不给别人带来压力，同时给自己留一条后路，何乐而不为呢？王艳最后只能辞职走人，就是因为当初事情做得太过，不懂得适可而止，丝毫不给自己和别人留余地，最后只能自食苦果了。

每个人的生活都会有起伏，甚至会是一种轮回，一时得意，也总会有失意来临；一时猖狂，也会有落魄来品尝。如果不懂得给别人留余地，不懂得适可而止，甚至借机落井下石，之后必然会受到打击。说话做事适可而止、留有余地，才是保护自己的最好方法。

我们周围总有这样的人，年轻气盛、做事冲动，凭借一时之气，总喜欢把话说绝、把事做绝，最终把自己逼入窘境。把事做得太绝，就好比杯子里装满了水，继续加水之后只会溢出。

说话做事是需要智慧和胸怀的，有些事你再有把握也不能万分肯定，更不能把话说绝，丝毫不给人留下质疑的余地。这么做不但会引起他人的反感，还可能给自己带来后患。

王琳大学毕业后找了份很不错的工作，待遇丰厚，活儿也不累，还有大把的休息时间。

她有些小虚荣，特别喜欢在别人面前显摆自己，炫耀自己有钱，彰显自己有追求、有品位。

每次见到朋友，她都会说："我的梦想就是环游世界，见识形形色色的人和事。那时，我就再也不是平庸的井底之蛙了。"

起初，大家都以为她说的是真的，都称赞她是个浪漫主义者。

但是很久之后，她还是逢人就说自己要环游世界的梦想。渐渐地，大家都开始反感了。

有一次聚会，一个朋友忍不住嘲讽她："你不是说一定要去环游世界吗，那你去过多少旅游景点呢？"

王琳尴尬地说："几乎都没去过。"大家忍不住嘲笑起了她。

另一位朋友当时赶紧出来打圆场说："没事，没事，计划往往赶不上变化，王琳的计划肯定会慢慢实现的。"

这位朋友的及时救场，让王琳感激不已，从那之后，王琳时不时地就送些礼物给这位朋友，而且在这位朋友最需要帮助的时候，王琳也总是施以援手。

每个人都有陷入尴尬、遇到困难，需要及时救场的时候，这时如果我们能为他人铺就一条出路，就等于给自己留个后路，以后也好办事。

在与他人交往时，要懂得为别人考虑，得饶人处且饶人，不要把对方逼迫到无路可走。对他人仁慈一些，就是给自己留个机会。

还有，我们要端正自己的态度，不要拜高踩低，不要戴着有色眼镜看人。有些人比较势利，看着他人落魄就冷眼相待，甚至认为对落难者的投资是无用的。因此，面对请求能躲就躲，不愿意伸出援手。这么做是不对的，在关键时刻要帮助他人，谁都有身处低谷的时候，现在落魄不等于永远不济，之后说不定还会大有作为呢。

再者，我们还要有多在冷庙烧香的见识。平时有意识地多帮助时运不济的人，等他们有朝一日飞黄腾达之后通常都会涌泉相报，这么做也等于是为自己留了后路。

做事留有余地是一种睿智，是宰相肚里能撑船的表现，可以感动人心，得到别人的支持。要想在交际的道路上走得更远，给自己留条后路是最好的方式，一旦发生不利的事，还会有回旋的余地，不致太孤立无援。

# 学会谦虚低调

工作中真正懂得表现自己的人，通常既表现了自己别人又察觉不到。他们不会自顾自地在那里大谈特谈，不会以自我为中心，而是能给人一种"参与感"。在与同事交谈时，他们喜欢用"我们"，他们不喜欢用"我"，因为"我"让人产生一种距离感，而用"我们"不仅无形当中把其他同事拉到了同一阵营，并且更有亲和力，而且还可以按照自己的意图影响他人。

"木秀于林，风必摧之。"这就告诉我们，一个人太出彩其实不是一件好事，我们要随时保持谦虚低调的态度，才能让自己离成功越来越近。因此，我们在工作后的头三年里就要学会不露声色地让别人注意到自己，这就是大家所说的"低调表现"。

张栋是一家大公司的职员，他工作积极主动、待人热情大方，深受同事们的欢迎。可是突然有一天，一个不经意的举动让他在同事眼里的地位一落千丈。

这天，大家在会议室等待着经理来开会。一位同事觉得地板有些脏，于是就站起来开始打扫。张栋却没有注意到，一直站在窗台边往楼下看。这时他突然走到拖地的同事面前说要替那位同事打扫，可是这时地已经拖完了，可张栋却执意要求，同事也没多想就把拖把递给了他。

张栋刚把拖把拿过来，经理便推门而入，正好看到他拿着拖把拖地。于是，一切尽在不言中。

大家突然觉得张栋十分虚伪，便纷纷不再同他交往。

自我表现是人类的一种本性。就像百灵鸟喜欢炫耀清脆的声音一样，人类喜欢表现自己是很正常的行为。而如果不分场合地表现自己就会让人觉得虚伪、做作，引起其他同事的反感，最终的效果往往会事与愿违。很多人在谈话的时候不管是否以自己为中心，总是爱表现自己，这种人会让人觉得轻浮、傲慢，最终让别人产生排斥感和不快情绪。

在和别人交往的过程中，每个人都希望得到尊重和赞赏。法国有位哲学家曾说过："如果你要得到仇人，就表现得比你的朋友优越；如果你要得到朋友，就要让你的朋友表现得比你优越。"这是因为，当你的表现让朋友觉得他们比你优越时，他们就会有一种得到肯定的感觉；而当你表现得比别人优秀时，很多人就会反感，甚至产生敌对情绪。因为每个人都会在无意识的情况下本能地维护自己的尊严和形象，如果有人让他感觉到自卑，那么无形之中他就会对那个人产生一种排斥心理，严重的甚至会产生敌意。

在职场中，即便你真的比同事能力强，在心理上也要给别人应有的尊重，学会与他们相处，这样同事就不会对你产生反感，同时也会慢慢认可你的能力。同时，你还要懂得适当暴露自己的劣势，减轻忌妒者的心理压力，从而淡化危机。

李静是刚从大学毕业进入中学的新教师，对最新的教育理论颇有研究，讲课也形象生动、寓教于乐，很受学生欢迎，但引起了一些任教多年却缺乏这方面研究的老教师的忌妒。为了改变现状，李静故意在同事面前放低自己的姿态，并且很谦虚地向其他老师学习。

　　李静放低姿态后，有效地拉近了自己和其他老师的距离，也就消除了他们对她的敌视心态。

　　平易近人、低调谦和的人总能结交到许多好朋友，而那些孤傲自大、自以为是的人在交往中会到处碰壁，让人反感、令人讨厌。

　　职场中往往会有这样一些人，他们十分机智，有很强的工作能力，但是他们锋芒太露，让别人敬而远之。他们太喜欢表现自己了，总想让所有人知道他们比别人强，以为这样才能获得他人的敬佩和认可，其实结果只能让同事们讨厌、反感。

　　做人要学着低调，要学会谦虚。越是谦逊的人，别人越是喜欢和他相处，最后越会发现其优点；越是孤傲自大的人，别人越会瞧不起他，喜欢找他的缺点。因此，平时一定要学会谦逊待人，这样才会得到别人的支持，为你的事业成功奠定基础。当你以谦逊的态度来表达自己的观点或做事时，就能减少一些冲突，还容易被他人接受。即使你发现自己有错时，也很少会出现难堪的局面。

　　不管怎么说，作为职场新人，刚刚踏入公司时一定要学会低调做人。即使你的才华再出众，即使你学校的名字再响亮，也不要在同事中表现出高人一等的姿态来。你可以表现自己，但是不要太过高调，要保持谦虚的态度。只有这样，你才能在出色地完成工作的前提下得到大家的赞赏。

# 不要总想突显自己

在沟通中，如果要比别人聪明，那么最好告诉别人他比你聪明。真正聪明的人，从来都是不显山、不露水的，他们总是低调内敛，不恃才傲物，不高傲自大。

就算你真的有才华，交际中也不要显露出你比别人聪明，否则你不仅会失去更多的交际机会，还会因此招来灾祸。

有智慧、有才华、有能力是一件值得称赞的事情，这是你将来取得成功的资本，但是你若把优秀的一面故意在别人面前显摆、炫耀，过分外露自己的聪明才智，那么最终会因小失大，甚至会给自己的一生带来伤害和阻碍。

在交际中，适当掩饰自己可以维护你与他人的良好关系。不要指出别人的错误，那样只会让他觉得你比他聪明。所以，我们要使用遮掩的方式把自己的聪明隐藏起来。这种谋略在交际中很重要。

在与人交往中，你一句轻视的话语、一个不屑的眼神、一个不满的动作等，都相当于直接地告诉对方："我比你更聪明。"

交际的目的是建立人际关系，而不是树立敌人。不要过分炫耀自己的聪明，这会让别人以你为攻击对象。如果真到了那种时候，你会多么愚笨。为什么要逞一时之勇、显一时之聪明，而给自己带来麻烦和阻碍呢？这时的你应该能明白"守拙"的重要性了吧！

如果在人际交往中遇到了忌妒心很强的人，又由于某种特殊原因不得不与他交际的时候，那么你一定要通过某些事情来让他觉得他比你聪明，这样你才能保护自己不被他的偏激行为所伤害。

张磊就是一个很懂得守拙的人。单位的同事都觉得张磊是一个很憨厚的人，每天见到同事他总是笑嘻嘻的，而遇到单位发福利的时候，张磊也从不计较，总是给多少拿多少，从来不抱怨。很多同事都认为张磊很傻，因此在平时总是怂恿张磊给他们买包烟或者请吃个饭。但张磊从来没有推辞过，也从来没有和这些人急过眼，总是笑嘻嘻地回应同事们的各种要求。

有一年，公司效益不好，老总开会让大家集思广益：公司的问题出在哪里，有什么好的解决方案，未来的发展方向又是什么？同事们七嘴八舌、各抒己见，有的甚至因为意见相左而争辩得面红耳赤，但张磊却仍是一言不发，坐在自己的座位上，他用电脑一直在写着什么。会议就在大家的争论中结束了，但最终也没说出个子丑寅卯来。

等到会议结束后，张磊敲开了老总办公室的门，老总看到是张磊，很诧异，问道："张磊，你找我有什么事吗？"

张磊说："会上您不是问我们对公司的发展有什么意见和建议吗？会上大家的发言很多，我都认真听了，而我嘴笨，也说不了太多。但我把我的想法和意见都整理了出来，现在拿给您，看是否有用。"

说着，张磊拿出了打印好的几十页"文稿"，上面分门别类，从公司因何利润减退到竞争对手的分析、公司的应对方案，最后还总结了公司的未来发展方针和走向。老总看到这份详细的计划书时很诧异，没想到张磊对公司的各个方面都这么了解，而且眼光如此长远。老总很欣赏这份计划书，并且发现张磊是很有才能的一个人。最后，决定提拔张磊为部门经理。

　　张磊平时看起来傻呵呵的，其实是很有才干的人。他没有把自己的才华时刻拿来炫耀和显摆，而是在需要的时候再将其展露，不鸣则已，一鸣惊人。

　　在生活中，我们很少能做到张磊这样，大家普遍都爱炫耀，守拙或装傻会感觉自己真的很傻。其实不然，古往今来，我们看看那些成大事的人，大多数看起来都是憨态可掬之人，而在关键的时刻一"亮剑"，却惊艳众生。我们要学习这些能装傻的人，平时不要总想着突显自己、贬低别人。真正的聪明人，是懂得如何在平时装傻，这样既能赢得友谊，也能避免"枪打出头鸟"的风险。当真正需要你"亮剑"之时，再展现出自己的与众不同。

# 第七章

# 懂得自控得失：去过自己真正最想要的生活

# 得而不喜，失而不忧

我们知道，在得到某件东西或某项成就之后，我们总不免有喜悦之情涌上心头；而如果是失去某件东西或某项成绩，我们又会陷入到深深的沮丧当中。成则喜，败则忧，这是人之常情，任何人都不可避免。

然而我们也知道，有成就必然有败，有得就必然有失。一个人在成功和得到时可以纵情欢乐，但在失败和失去时却很少能够将悲伤情绪合理排遣掉，这也就是我们看到一些人在股市崩盘之后选择跳楼轻生的原因了。

《大腕》这部电影是冯小刚导演的代表作，该剧讲述的是北京青年尤优为国际大导演泰勒承办葬礼的故事。因缘际会，尤优认识了国际知名导演泰勒，并受身体每况愈下的泰勒邀请，替其举办一场别开生面的葬礼。

为了把葬礼办好，尤优找到了好友路易王。在路易王的策划下，两人将泰勒的葬礼完全办成了一场捞钱的表演。而在葬礼即将举办、两人即将成为百万富翁之际，却得到了泰勒病情好转的消息。尤优为此躲进了精神病院，路易王更是因受不了心理落差的刺激一下子疯了。

剧中人终归是表演，但道理却很现实。我们的生活中充满了赢得起输不起的人，这些人在成功时不懂得收敛甚至纵情声色，在失败之后又不懂得调节心绪从而一蹶不振。这样的人即便是一时成功了，也不可能有多大的成就。

那么，一个成熟的人应该怎样看待成败呢?《庄子》里面有一句话："得而不喜，失而不忧。"得到了不必狂喜、狂欢，失去了也不必耿耿于怀、忧愁哀伤。无论是得是失，永远应保持一颗淡定超然的心。也只有如此，才可以称得上是一个做大事的人，才有权利享受上天赐予的成功人生。

得而不喜，失而不忧，这是一种非常高的人生境界。拥有如此人生境界的人，相信无论是处于铁瓦金銮的朝堂，还是处于茅顶土坯的江湖都能够泰然处之。古代著名的医药学家李时珍就是一个这样的人。

李时珍，蕲州（今湖北省蕲春县）人，明武宗正德年间生，因为家中世代行医，李时珍从小就打下了良好的医学基础。后来，李时珍来到皇宫成了一名太医。在太医院，李时珍见到了人世间最富贵繁华的景象、接触了人世间最显赫高贵的人，然而这一切却并没有令他沉醉，他明白自己要的是什么——成为一名好医生。

后在因缘际会之下，李时珍离开了皇宫。在离开皇宫之后，李时珍仍然可以过着富贵的生活，然而他没有那样去生活。他选择了深入民间，到那些最贫苦、最卑贱的人当中嘘寒问暖、救死扶伤。从朝堂到民间、从太医到乡土郎中，李时珍没有任何不快，仍然一心一意地对待每一个病人、刻苦钻研每一味药方、亲自尝试每一种草药。

几十年如一日的坚持，终于让李时珍实现了自己的抱负，他编撰了中华历史上最伟大的一部医书——《本草纲目》，并因此载入史册为后世所敬仰。

　　在当今社会，像李时珍这样看淡得失的人已经越来越少了。也正因为如此，才使得我们这个社会算得上成功的人也越来越少。因为大多数人都把自己的快乐和忧愁建立在得失之上，得到了非常高兴，一旦失去就过分忧虑，甚至为了少失去多得到而不惜牺牲自己的道德和尊严。

　　人之所以会那么重视自己的得失，是因为我们已经将人生是否成功完全与物质的得失等同了起来。比如说，租房子住的人觉得有房子住的人比自己幸福，有房子住的人觉得住别墅的人比自己幸福，而住别墅的人也以为别人比自己幸福。就是这样，每个人都感觉自己是不幸福的。因此，每个人都拼命地去争取更多的东西，让自己的生活更加"幸福"。然而，物质的增加永远都不会让我们的心灵得到满足，反而会让我们受到物质的负累。

　　一个没有什么财富的人，过着简简单单的生活，其人生未必不快乐、不充实。然而，有一天他中了百万大奖，一夜之间暴富。有了钱，自然就要想怎么去花，一下子，他的欲望之门就被打开了。他不再精打细算地过日子，而是整天为去哪些高消费的餐厅发愁；他不再为每天上班几点出发才能赶上公交而发愁，他干脆直接买了一辆轿车，他的生活完全改变了。

　　然而，不久之后，因为过于膨胀的欲望，他的钱慢慢被挥霍一空，他再次过起了清贫的日子。然而，他的心却再也感受不到以前那种简单的快乐了。因为他吃过了山珍海味，就不想再吃萝卜白菜了；他坐惯了轿车，就不想再挤公交了。但山珍海味和轿车毕竟已经成为过去，他只能陷入现实的苦恼中而无法自拔。

　　其实，他这种苦恼完全是自找的，试想，如果他一开始对暴富就保持一种良好的心态，那又怎么会有这种情况发生呢？

　　某机关的一个小公务员，一直过着安分守己的日子。有一天，他闲来无事用两元钱买了一张彩票，没想到他真的中了个大奖。因为平时就喜欢跑车，于是他用奖金买了一辆跑车，整天开着车兜风。

　　然而，有一天不幸来临了，他的车子被盗了。朋友们得知消息后都怕他受不了这一打击，便一起来安慰他。可看着前来安慰自己的朋友们，他却哈哈大笑地对朋友们说："如果你们中有谁不小心丢了两块钱，会悲伤吗？"众人面面相觑，他接着说，"我用两块钱买了彩票，然后得到了车，现在车丢了，不就是两块钱的损失吗？"

　　一反一正，这个小职员的心态值得我们所有人学习。只有自己过得幸福，那才是人生的真谛。"不以物喜，不以己悲"，得之，我幸；不得，我命。用这种宁静平和的心态对待人生的起伏，那么无论是得还是失，我们都能够描绘出美丽的人生图景。

# 学会去繁就简

一位哲学家说：当生活中有一种选择的时候，我们的内心是平静而快乐的，但是可供选择的事物一旦多了起来，生活便多出许多烦恼，这些烦恼主要源于人们在众多选择面前患得患失的敏感心理。对此，国学大师季羡林说："生活应该简单些好，面对的选择越多，就越让人痛苦！所以，在做事情的时候要追求单一的目标，这样才能将精力放在当下，从容地前行！"他是在告诉我们，在生活中，无论做什么事情，只有追求单一的目标，才能使自己更专注于当下，才能少些选择的痛苦和烦恼。

森林中生活着一群猴子，每天太阳升起时，它们会从洞中爬起来外出觅食；太阳落山时，它们又自觉地回洞中休息，日子过得极为平静和快乐。

一天，一个旅客在游玩的过程中不小心将手表丢在了森林中，猴子童童在外出觅食的过程中捡到了。聪明的童童很快就搞清楚了手表的用途，于是，它掌控了整个猴群的作息时间。不久后，它凭借自己在猴群中的威信而成为猴王。

聪明的童童意识到是这只手表给自己带来了机遇和好运后，每天就利用大部分时间在森林中寻找，希望可以得到更多的手表。功夫不负有心人，聪明的童童终于又找到了第二块乃至第三块。

但出乎童童意料的是，得到了三块手表后反而给它带来了麻烦和痛苦，因为每块手表显示的时间不尽相同，童童根本不能确定哪块手表上显示的时间是正确的。猴子们也发现，每次来问时间的时候，童童总是支支吾吾回答不上来。一段时间后，童童在猴群中的威望大大下降，整个猴群的作息时间也变得一塌糊涂，大家愤怒地将童童推下了猴王的宝座。

拥有一块手表，可以明确地知道时间，而得到了两块甚至更多块手表却能使自己迷失，给自己带来无尽的烦恼和痛苦。由此我们可以说，得到的越多，痛苦和烦恼就会越多。

《圣经》上说，上帝因一个简单的心思，只是用简单的泥土，造就了我们，我们为何要去追求无谓的繁杂，终将自己置于痛苦之中呢？选择越多越痛苦，而这些"更多的选择"就是我们内心不断追求的结果。为此，哲学家说："因为人的欲求不止，所以，生命是一个不断作茧自缚的过程。"同样，行为心理学家也指出，与其说人的行为是受一定的原因支配，不如说它更受人生的一系列目标或一系列目的支配。在达成目标的过程中，人总要面对各种各样的选择，不同的选择，收获的结果也不尽相同，人生也有可能会由选择而发生变化。所以，为了使结果更为完美，在选择的过程中，人们必然会仔细斟酌、细心掂量。为此，烦恼就产生了，混乱的生活状态也就开始了。

我们要想从这种混乱、痛苦的状态之中走出来，就要勇于舍弃，使生活归于简单。舍弃那些扰乱我们心智的"更多的选择"，过一种简单的生活。

有一个诗人，为了追求心灵的满足，不断地从一个地方辗转到另一个地方。他的一生都是在路上、各种交通工具和旅馆中度过的。当然，这并不是说他自己没有能力为自己买一座房子，其只是他选择的生活方式。

后来，由于年老体衰，有关部门鉴于他为文化艺术所做的贡献，就给他免费提供了一所住宅，但是他拒绝了。理由是他不愿意让自己的生活有太多的"选择"，他不愿意为外在的房子、物质等耗费精力。就这样，这位独行的诗人在旅馆和旅途中过完了自己的一生。

诗人死后，朋友在为其整理遗物时发现，他一生的物质财富就是一个简单的行囊，行囊里是供写作用的纸笔和简单的衣物；而在精神方面，他却给世人留下了十卷极为优美的诗歌和随笔作品。

这位诗人正是勇于舍弃了外在的物质享受，选择了一种简约的生活方式，最终才丰富了精神生活，为人类作出了巨大贡献。他的人生是一种删繁就简的人生，没有太多不必要的干扰，没有太多欲望和压力，是一种快乐而又纯粹的人生。

我们要想过一种幸福而快乐的生活，就不能使自己背负太多的选择，学会删繁就简，将生活简单化，这样才不会使自己在众多的选择面前无所适从。

正如尼采所说，如果你是幸运的，你必须只选择一个目标，或者选择一种而不要贪多，这样你会活得快乐些。正如一台电脑一样，在其系统中安装的应用软件越多，电脑运行的速度就越慢，并且在电脑运行的过程中还会有大量垃圾文件、错误信息不断产生，若不及时清理掉，不仅会影响到电脑的运行速度，还会造成死机甚至是整个系统的瘫痪。所以，必须定期地删除多余的软件，及时清理掉那些无用的垃圾文件，这样才能保证电脑的正常运行。

# 随遇而安、顺应自然

人生是多种多样的，每个人都有自己的活法。但是，归结起来无非两种：一是活得累，二是活得潇洒。在人生的旅途中，可能随时会发生各种不顺心的事情，如高考失利、下岗失业、晋升无望、怀才不遇、生意翻船、家庭破裂等等。这种种坎坷都会因为主观愿望与客观现实的矛盾而引起强烈的心理情绪波动，甚至是心态失衡。在这样的情况下，有的人会不择手段，铤而走险；有的人则会满腹牢骚、咒天骂地，甚至抨击一切……这都属于活得累的人。

另外一些人会平心静气、理智地看待困难、挫折和痛苦，用积极的态度寻找治疗自己苦闷的良方。他们随遇而安、顺应自然，环境再怎么恶劣，他们也都不放在心上，而是专心于自己的工作和生活。这些都是哲人，是能够活得潇洒的人。

老子曾说："人法地，地法天，天法道，道法自然。"世界上最大的法则是自然法则，人的法则其实是最小的。所以，顺其自然才是人类的生存之道。

万物的枯荣有其规律，花儿不会永远开放，树叶不会永远青翠，就连月亮也不会永远盈满。它们必须遵循自然的法则。自然的法则是博大的，也是残酷的，茂盛也好，枯萎也罢，随着时间的流逝，终究是要消失的。而在现实生活中，人的外貌、权力、财富、名誉都不过是过眼烟云，人应该学会顺其自然地活着，如果刻意追求反而会被其所累，最终迷失自己，陷入到无尽的烦恼之中。

在生活中，能够顺其自然的人一定是豁达、开朗的，我们应该让自己豁达些，因为豁达才不至于钻入牛角尖，才能乐观进取。我们还要让自己开朗些，因为开朗才有可能把快乐带给别人，让生活中的气氛更加愉悦。

在一座寺庙中，后院的草地都枯萎了，显得很荒凉。小和尚对师父说："师父，我们赶紧买些草籽种上吧。"

师父说："不用着急，等什么时候有时间了，我再去买一些草籽。任何时候都能播种，着急有什么用呢？随时！"

到了中秋的时候，师父把草籽买了回来，交给小和尚，对他说："去吧，把草籽撒在地上。"起风了，小和尚一边撒，草籽一边飘。

"不好，许多草籽都被吹走了！"小和尚说。

师父说："没关系，吹走的多半是空的，撒下去也发不了芽。没什么可担心的，随性！"

草籽撒上了，许多麻雀飞来，在地上专挑饱满的草籽吃。小和尚看见了，惊慌地说："师父，不好了，草籽都被麻雀吃了！这片地再也长不出小草了。"

师父说："没关系，草籽够多，麻雀是吃不完的。明年这里一定会有小草的，随遇！"

夜里下起了大雨，小和尚久久不能入睡，担心草籽会被雨水冲到别的地方。第二天，雨停了，小和尚跑出去一看，果然有很多草籽都被冲走了。于是，他马上跑进师父的禅房说："师父，草籽被冲走了，长不出小草了。这可怎么办啊？"

师父不慌不忙地说："草籽被冲到哪里就在哪里发芽，不用着急。

随缘！"

没过多久，后院的角落里居然长出了许多青翠的小草。小和尚高兴地对师父说："师父，太好了，我种的草长出来了！"

师父点点头说："随喜！"

小和尚的师父是一位懂得人生乐趣的人。凡事顺其自然，不必刻意强求，反倒能有一番收获。"随时、随性、随遇、随缘、随喜"，简单的十个字，却道出了人生的大智慧。如果一切自然随意，那么人生还会有什么东西让你寝食难安、愁眉不展吗？生活中有许多的不如意，我们都为自己周围的客观条件所限制而无法改变，此时不妨顺其自然、随遇而安。这样你也可以找到心灵的一份宁静与快乐！

日本有一位禅师，法号白隐。他不仅道行高深，而且生活朴素，具有很好的名声，深受当地百姓的敬仰与称颂。

白隐禅师所在的寺院附近住着一户人家，家里有一个非常漂亮的女儿。有一天，夫妻俩发现女儿怀孕了，好端端的一个黄花闺女，竟做出这种见不得人的事，实在是家门的耻辱。夫妻二人不断逼问女儿那个男人是谁，女儿怯怯地说出了白隐禅师的名字。

夫妻二人来到白隐禅师的住处，狠狠地将他痛骂了一顿，骂他不守清规戒律、败坏道德。可是，白隐并没有生气，只是若无其事地说了一句："只是这样吗？"

等孩子出生后，那位姑娘的父母就将孩子送给了白隐禅师，让他抚养。这件事给白隐禅师带来了很大的负面影响，几乎使他声名扫地。但他并没有因此放弃孩子，而是悉心照料孩子，四处乞求婴儿所需要的奶水和其他用品。即便多次遭到别人的白眼和羞辱，他也总是泰然处之。

在白隐禅师的细心呵护下，婴儿渐渐长大了，成长为一个非常可爱的小孩。孩子的妈妈再也忍受不了良心的谴责，把实情告诉了父母——孩子的父亲另有其人。她的父母非常惊讶，立即带着她来到寺院，向白隐禅师道歉，请求原谅。

可是，白隐禅师还是像当初那样，淡然如水，更没有趁机抱怨他们，而只是轻轻说了一句："只是这样吗?"

在生活中，我们常常会被人误会或是指责，如果你去解释或还击，往往会把事情越闹越大，倒不如向白隐禅师学习学习，不去争辩、不去理会，顺其自然，这往往是最好的解决办法。佛学中讲，不要用抗争的心态来面对这个世界。凡事以对立的心态对待，唠叨抱怨就不会停止，如此便难以用宽容的心来看待和接受他人的不同见解，很难活得快乐。宠辱不惊，得失无意，凡事只要自然就好，不需要在意更多的外在形式，这样可以获得身心的安宁、惬意、舒适与安逸，幸福的生活也会随之而来。

人生总是充满了痛苦与无奈，当我们应得的利益被夺去，当我们与别人因为见解不同而产生冲突，彼此不能和谐相处的时候，种种无法由自己主宰的苦恼使我们终日生活在患得患失之中。我们难免会抱怨，会感到不快乐。此时，我们就应该用随遇而安、顺其自然的生活态度去自然地生活。就让我们在自己的内心建立起一个安宁平静的港湾，来停泊暂避风雨的生命之舟吧!

# 把握住"进退"的界限

面对同样的事，为什么有的人能够应付自如、轻松潇洒，而自己却总是力不从心、屡屡受挫？

其实，那些活得轻松自如、洒脱淡定的人，并非由于他们的无可挑剔而有如此成就，而是由于他们能够把握得住"进退"的界限。当面临"不可进"的情形时，他们懂得退后一步，然后再换一个角度想办法让自己前进。这样一来，成功就不是那么复杂和困难，而我们的人生也不必如此纠结了。

一位登山运动员参加了攀登"世界第一高峰"——珠穆朗玛峰的活动。我们知道，珠峰最高海拔为 8000 多米，但这位运动员在爬到 6000 多米的时候，因为身体出现不适而放弃了攀爬。

面对快要登顶的他，很多朋友都为其深表遗憾，这个说："哎呀，你都已经走了四分之三的路程，为什么要放弃呢？"那个说："如果能咬紧牙关挺住，再坚持一下，或许就能上去了。要知道，有多少人梦寐以求站在珠穆朗玛峰上啊！"

面对众人表达的惋惜之情，这位运动员却不以为然，他平静地对大家说："其实，我心里很清楚，6000 多米对我来讲已经是登山生涯的最高点了。根据我当时的身体状况而言，那已经是极限了。如果我再继续爬，那么很可能会丧失性命，难道我会拿自己的生命开玩笑吗？所以，对于中途退却，我一点都不感到遗憾。"

这位运动员的话确实很有道理，他的做法也值得我们学习。当我们到达一定高度，无法再前进，或者再往前走很可能会让自己惨不忍睹时，不妨退一步，这才是明智的选择！

换句话说，每个人、每件事或许都存在一定的极限，我们不能冲着柳树要枣吃，也不能明知山有虎偏向虎山行。虽说突破自我很有必要，但是这种突破并不是建立在鲁莽和无知的基础之上的。美国前总统林肯曾经说过这样一句话："自然界里的喷泉，其喷发的高度不会超过它的源头。"这句话的意思就是说，事物本身存在着突破口，但并非所有人都能够穿过突破口，创造极限。也就是说，每个人都有最大的承受能力。像案例中的这位年轻人，他懂得自己的生命所能承受的极限，因此淡然自若地做自己能做的事。这样做，谁又能说他不是一位胜利者呢？

"当行则行，当止则止"，要告诫我们的正是这样一个道理。

聪明的做法是，我们要及时了解自己的能力、承认自己的不足。在此基础上，我们才能做到量力而行，不莽撞、不遗憾。

幼年时期的格里格·洛加尼斯是一个十分害羞的男孩，又因为他说话有些口吃，所以在阅读与讲话方面不尽如人意，一度被归为学习最差学生的行列。

不过，洛加尼斯是一个很聪明的孩子，小学没毕业的时候他就发现了自己在运动方面的能力强于他人，而这是他特有的天赋使然。认清了这点后，洛加尼斯减轻了自卑感，并开始专注于舞蹈、杂技、体操和跳水方面的锻炼。由于自身的天赋和努力，洛加尼斯果然开始在各种体育比赛中崭露头角。

可是，升入中学后，洛加尼斯发现自己有些力不从心了，因为舞蹈、杂技、体操、跳水都需要辛勤的付出，他不可能有这么多时间和精力去做这么多事，因此常常感到力不从心，而且这些事情自己仅仅能做到差不多，离优秀还有一段距离。

后来，在恩师乔恩——前奥运会跳水冠军的指点下，洛加尼斯认识到自己在跳水方面更有天赋，便接受了跳水方面的专业训练。

经过长期的努力，洛加尼斯终于在跳水方面取得了骄人成就：16岁成为美国奥运会代表团成员；28岁时已获得六个世界冠军、三枚奥运会奖牌、三个世界杯和许多其他奖项；1987年作为世界最佳运动员获得欧文斯奖，到达了一个运动员荣誉的顶峰。

很为洛加尼斯感到庆幸，他没有一味地在某一个方面和自己较劲儿，而是选择了另辟蹊径。不难想象，如果在学习上与别人竞争，那么到现在他或许只是个普普通通的人。因此，我们说，洛加尼斯是幸运的，而他的幸运是建立在懂得取舍、懂得退让的基础之上。

由此可见，无论我们身在职场还是驰骋商界，都不要认死理，适当地退一步，或许就能看到别的可以前进的道路，任何时候都不要忘了条条大路通罗马的道理。只要我们能最大限度地发掘自己的长处，就能收获内心的充实和坦荡、拥有"非同寻常"的人生之旅，这样的人生才称得上精彩绝伦，不是吗？

# 活得漂亮才能出彩

一个人的样貌是天生的，无论长得美丽与普通，都是由基因决定的。当然，你可以通过后天的技术改变模样，那是另一回事。或美丽或普通，长相是你无法选择的。每个人都想要优越的外在条件，但如果仅仅停留在外部的修饰上，那么就算你天生丽质，这种美也是有时限的。如果样貌普通，你也不必灰心，因为活得漂亮才是最重要的，而这一目标与个人长相并没有必然的关联。

你长得漂亮，这是你的优势，而如果变成一只花瓶，那么这种美便是无趣的，更有可能如昙花，在短暂的绽放后便转瞬即逝。漂亮的人生才是每个人追求的目标，这与个人长得漂亮或普通没有关系。长得不漂亮不是你的责任，活得不漂亮就是你自己的责任了。容颜会老去，容颜可以改变，一个人的灵魂和内涵却是不能变更的。当一个人的内心充满慈悲与善良时，内在的优雅便会自然而然地散发出来；当一个人内心足够强大与通透时，淡定从容的气质足以让他度过任何艰难的时光。

修得内在的欢喜与圆满，是一个人掌控自己生活的本质要求。这份活得自在的潇洒与从容，可以让他抵挡住岁月的侵蚀，即使容颜老去，仍然可以活得有滋有味。长得漂亮只是年轻时候的事，活得漂亮才是一辈子的事。

　　但凡见过双双的人，都会有一种被惊艳到了的感觉，自然而然地被双双的气质所吸引。其实，双双并非绝世大美人，相反，由于她右脸颊上方有一块不算大却不容易被人忽视的红色胎记，单从容貌上来说，双双还有些丑。美与丑集结于同一体，却毫无违和感。

　　第一眼看到双双时，就被她的微笑所打动。当镜头无意间对上双双右脸颊的红色胎记时，双双没有闪躲，神色淡定。双双现在是一名畅销书作家，她的作品主题是关于人性方面的。对于人性的美与丑、善与恶，双双在书中给出了引人深思的刻画。随着采访的深入，我开始被眼前的女子所折服。渊博的知识、优雅的谈吐无不彰显着双双良好的个人修养与魅力。

　　谈及过往的坎坷经历，双双始终气定神闲。父母在她七岁时离异，双双与父亲一同生活。父亲把年幼的双双带到了国外，于是双双便在异国他乡长大。当父亲需要外出工作时，便把双双一个人留在家里。语言不通、文化相异，当双双独自外出时，感觉自己与周边的一切都格格不入。再长大些，双双被父亲送去了学校。与老师和同学沟通不顺、因样貌缺陷被他人嘲笑，双双幼小的心灵受到了深深的伤害。抑郁寡欢的双双不肯去学校，在父亲的鼓励下，双双很长一段时间后才克服了自卑与畏惧。不畏各种困难，双双以优异的成绩令大家刮目相看，被认可的双双从此开始了自己真正的异国生活。大学毕业后的双双选择了回国，由于对文学与写作的爱好，双双成为了一位职业作家，名气也逐渐大了起来。

　　看着眼前侃侃而谈的女子，欣赏之情油然而生。双双举手投足间都透着一股自然的优雅气息，无关乎她的容貌与学识，而是一种从骨子里散发出来的气质使然。

　　对于女性来说，美貌固然重要。或风情万种，或千娇百媚，无一不是与美貌直接相关的词语。每个人都喜欢美的人或物，美的人或物让人赏心悦目。然而，若是一个没有内涵的美女，即使在初见时她的美貌让人觉得惊艳，但随着交往的深入，最初的欣赏便会一点点褪去，甚至变为反感。

有些人外表光鲜亮丽，内里却如一片荒漠；有些人面目可憎，但他的笑却会感染无数人。容颜不是美好生活的必要条件，心灵的美才是活得漂亮的必要因素。无论样貌是否美丽，只有活得漂亮，你才能过得精彩。

# 让心灵归于宁静

在现代快节奏的生活中，每个人都加快了步伐，为了生计抑或是梦想拼命向前跑。为了过上想要的生活，人们总把自己的神经绷得很紧，似乎除了追赶的那个目标之外，周围的一切都可以忽略无视。整天在焦虑和匆忙中度过，甚至在忙碌中忘了快乐与自己。

的确，想要取得更大的成就与辉煌你必须付出加倍的努力。你想来一场向往已久的旅行，却以没有时间为由不能践行。你总惦记着还有很多很多的事没有完成，所以你没有消遣的机会，哪怕只是去湖边走走。然而，当生活只剩下了单调如机器般的重复动作，又何谈人生的美好与乐趣？用无限的压力和焦虑换来的未来，又何谈享受与欢愉？

只有会品味生活，才能感受到彼此间的温情，嗅到道路旁花草的清新和芬芳，体会到冷暖于四季中轮回。你可以为了理想去拼搏，但不能一直让自己处于奔跑中。在忙碌之余，放慢自己的脚步，给自己留出释放的时空，给自己一点自由思考的时间，不忽略沿途的风景，感受大自然的静谧与宁静，获得一份高远和清新。

李梅梅觉得自己的人生像一杯温开水，平平淡淡。李梅梅是一名教师，从毕业到今天，在这个岗位上已有 20 余年。李梅梅并不喜欢教师这一行业，因为她不知道自己喜欢什么，也就按照父母对她人生的规划生活着。在她工作两年后，父母认为李梅梅应该嫁人了，于是李梅梅便通过相亲认识了现在的丈夫。半年后两人结婚了，然后就是生孩子。

如今，40多岁的李梅梅每当回想起往事来，就觉得自己前半辈子只做了三件事，那就是读书、工作、嫁人，她觉得自己后半辈子应该会这样一成不变地过下去。相比较身边的同龄人，李梅梅的模样绝对称不上老，可她觉得自己已经老了——心老了。循规蹈矩的生活，李梅梅都预料得到自己明天的生活、后天的生活，以及一年后、几年后的生活。没有任何改变，没有任何激情，千篇一律。李梅梅也曾想有所改变，可当她尝试插花、刺绣、看电视等时，仍旧没什么兴趣。

李梅梅看着儿子结婚，然后是孙子出生。退休后的李梅梅负责带孩子，但新生命的来临并没有给作为奶奶的李梅梅带来太多的欢喜。李梅梅越来越习惯于一个人发呆，思维与行动变得迟缓。渐渐地，一种了无生趣的念头占据了李梅梅的脑海。待家人发现李梅梅这种状态时，她的情况已经很严重了。医生诊断了李梅梅的病情，并确诊为老年痴呆症晚期。对于患上疾病，李梅梅也没有表现出惊讶抑或是恐惧，她平静地接受了治疗。只是，李梅梅的症状并没有好转，反而越来越严重，家人明显感觉到李梅梅对生活乐趣的缺失。对于李梅梅的生无可恋，家人想尽了一切办法，可无论是药物治疗还是心理治疗，都没有什么起色。

迷上摄影对于李梅梅来说是偶然的。当李梅梅看到镜头中捕捉到的大自然的鲜活画面时，一种新生的感觉从心底萌芽，开出了花来。李梅梅买了一台相机，在说服家人后独自上路了。她把自己交给了大自然，沉醉于大自然的一草一花一树叶中，全身心地投入到了大自然的怀抱。半年后，李梅梅回了一趟家，家人诧异于浑身充满活力的已年过半百的她，并为她的重生感到由衷高兴。在以后的日子里，李梅梅每隔一段时间就会出去，走向大自然，让身心得到放松，感受大自然赋予她的温暖与欢欣。

给自己留有时间去休息与调节，日子才不至于过得忙碌而乏味。时间是自己给的，轻松也是自己给的，即使生活充满琐碎和繁杂，累了时也应该放慢脚步，放松自己，让心灵得到缓冲。用心感受这个世界的存在，你会发现人生中有很多东西值得我们静下心来细细品赏。

诗人巴尔蒙特曾说："为了看看阳光，我来到世上。"大自然是天生的艺术家，连绵的青山、波澜壮阔的大海、一望无际的大草原，都足以让你陶醉其中。享受大自然的美好，永远把这份美好珍藏起来吧。

总之，无论处于人生的哪一个阶段，无论是烦闷还是愉快，都应该让心灵得到宁静，用心体验每一个有意义的过程。烦恼并非你所愿，但你可以走向大自然，接受大自然的洗涤，偷得浮生半日闲。

# 给自己一份好心情

一个人的时间是有限的，只有一辈子。或许你会觉得一生太短了，不够实现你的梦想与理想。但从古至今，那些妄想千秋万代的帝王没有谁能逃脱帝国兴衰、王朝更迭的命运，最终湮没于历史的长河中。在星辰的运转中，一个人的一生更显渺小。

人就这么一辈子，开心也是一天，不开心也是一天。昨天不可追，明天也将变成昨天，过了今天就不会再有另一个今天。做错事不可以重来，一分一秒都不能再回头，你能做的，唯有珍惜眼前，过好每一刻。痛苦追悔也挽救不了过错，自怨自艾更不能改变事实，碎了的心难再愈合，倒不如淡然面对、放宽心态，无论悲喜，全身心地享受无法复制的今天。

给自己一份好心情，这是人生不能被剥夺的财富。如果你还在为昨天的失意而懊悔、为今天的失落而烦恼、为明天的得失而忧愁，那么好心情将会离你而去。幸与不幸的人生，终究会殊途同归。你春风得意抑或愤愤不平，你所拥有的生命长度不会有丝毫改变。心态好，心情才会好。做真实的自己，按自己的意愿去生活，你总归拥有了这一辈子。

一位富奶奶与穷奶奶成了邻居。富奶奶所居住的是一栋装潢华丽的洋楼，在洋楼对面的不远处有一间普通的红色砖房，穷奶奶住在里面。每天早上，富奶奶都会到附近的公园去散步健身，在去的途中她会碰到去市场卖菜的穷奶奶。每次穷奶奶都会主动笑着向她打招呼。富奶奶几乎每次看到穷奶奶时，穷奶奶总是面带笑容，富奶奶不明白有什么事值得穷奶奶如此开心。在富奶奶看来，穷奶奶穿着简朴．一大把年纪了还要自己种菜、卖菜以赚取生活费，她不是应该感到累而不快乐吗？富奶奶看到过穷奶奶的一儿一女，平常在外地工作，不过逢年过节会回家小住。平时一个人居住的穷奶奶不感到孤独吗？

尽管每天都去锻炼身体，可富奶奶的身体还是比较虚弱。虽然大病没有，但小病却不断。富奶奶又生病了，这次比较严重，需住院一周。在富奶奶出院后，穷奶奶听说了这个消息，便带着自家种的新鲜瓜果前去看望她。两个老人聊了很久，富奶奶忍不住道出了自己的诸多疑惑。穷奶奶笑着一一解答了她的疑惑。

穷奶奶的日子是清贫的，但她很满足这种生活。儿女也很孝顺，每月会给她足够的赡养费，只不过穷奶奶身子骨很健朗，她喜欢自己种些蔬菜瓜果，然后到市场上去卖，再换取其他的生活所需品。穷奶奶很珍惜这种自给自足的日子，也养了鸡鸭以及猫狗等小动物，在劳作中也就不会感到日子无聊了。富奶奶最后问道，为什么每次穷奶奶看起来都很高兴呢？穷奶奶没有直接回答她，而是反问道，那为什么要不开心呢？

看着仍旧笑着的穷奶奶，富奶奶陷入了沉思。她只有一个儿子，儿子有稳定的工作，并一直陪伴在她左右。可她总是担心儿子工作太忙，会顾不上吃饭，不能照顾好自己，又担心儿子公司的事情太多、压力太大，对身体不好。富奶奶总是不由自主地想到这些，老伴儿劝慰她，可她还是整天焦虑不已，身体自然就忧思成疾。

富奶奶把自己的苦恼告诉了穷奶奶，穷奶奶又问她，你儿子那么能干，你为什么不想工作对于他来说是轻而易举的事？至于照顾自己，他已经是成年人了，为什么不能照顾好自己？

　　被穷奶奶开导一番，富奶奶想通了，心情渐渐变得开朗起来，生病的次数也减少了，笑容也爬上了富奶奶的脸。她始终记得穷奶奶最后说的那句话——人就这一辈子，何不让自己开心点？

　　如果用时间来衡量人的一生，不过 900 多个月，一个月过去了，便少了一个月。过了今天就不会再有另一个今天，即使后悔，也回不到昨天，一分一秒都不会再回头。只有有意义地过好每一天，才能拓宽生命的宽度，不虚度此生。

第八章

掌握失控疗法：保持健康的身心

# 选择不同的情绪疗法

　　小吴是一名儿童医院的护士，在大学选修护理专业的时候，她对此满腔热忱，学得也十分认真。可是，进入医院当护士后，她却渐渐地变了，情绪总是莫名失控，无心工作。

　　一天，几位妈妈带着孩子到医院检查身体。孩子本来就活泼好动，只要一离开妈妈的视线，便会东奔西跑。几位妈妈一边带孩子去科室检查，一边让孩子不要乱跑。

　　这时，正好小吴端着医用托盘经过。突然，一个小男孩跑向她这边，正好撞到小吴，托盘内的针管、玻璃器皿等散落了一地。小吴见状，不是关心小孩子有没有被刺伤，而是立刻情绪失控地大声指责："这是谁家的小孩，怎么都没有看好呢？打坏这些医用物品谁来赔偿？"孩子妈妈急忙前来道歉："对不起，都怪我没有看好孩子，这些东西我会赔偿的。"

　　可小吴依然不依不饶，气急败坏地控诉小男孩和那位妈妈的不是。小吴喋喋不休的控诉引来了众多围观的医生和患者。后来，在众人的劝说下，小吴才平息了怒火。

　　其实，这并不是小吴第一次情绪失控"发作"了。此前，她就经常因为一些琐事而无端暴怒。针对她的问题，部门领导特意批了她半个月的假，让她好好调整一下自己的情绪再来上班。

后来，在朋友的介绍下，小吴到一位有名的心理咨询师那里求助。心理医生听完小吴的介绍后，首先帮她分析了在生活和工作中存在的一些不合理观念，比如，当一件事情发生的时候，不顾他人的感受，不考虑是非对错，直接指责他人。其次，咨询师还从情绪和行为两方面入手，帮助小吴减轻和消除情绪方面的困扰。最后，咨询师根据小吴目前的问题和心理困扰，让她反省并了解自己的问题之所在。

经过几次咨询后，小吴渐渐领悟到是自身出了问题。其实，自己之所以情绪失控，并不是外在的事物引起的，而是自己的认知出现了偏差。她不应该没来由地乱发脾气，而应该改变自己的认知和想法，让自己做出积极的判断和回应。

没过多久，小吴的情绪渐渐有所改善，情绪失控的次数也在不断减少，她终于能够以轻松、自在的心情去面对工作和生活中的各种问题了。

其实，上文中小吴接受的这种情绪疗法只是众多情绪疗法中的一种。还有以下几种情绪疗法可以尝试。

一是情绪平衡疗法。情绪平衡疗法主要是从人身体内的穴位着手缓解情绪，是一种让人深层次放松情绪并缓和心理冲突的现代医学方法。其主要特点是通过对人体穴位的按摩，以平衡人们紧张而愤怒的情绪。

比如，当我们感到愤怒时，可以敲击按摩身体右侧，大约在肋骨下方；当我们产生悲伤难过的情绪时，可以按摩大拇指内侧的指甲根旁边的位置；当我们面对沉重的生活或工作压力而产生烦躁、压抑等情绪时，可以按摩鼻子和上唇间连成一线的上 1/3 或下 2/3 的位置。

二是宽恕疗法。宽恕疗法主要分为三步：第一步，用纸笔写下让自己产生愤怒、失望、不安等情绪的对象，也包括自己。第二步，确定对象后，想象自己已经站在其对面，并对他/她说："我已宽恕你了，已经完全释放了，不会再对此耿耿于怀。从现在开始，你我都是自由的。"第三步，每天按照名单练习宽恕和释放自己的情绪。当你每一次审查名单的时候，看看是否有的人或事已经忘记。如果没有忘记，依然按照第二步去练习。

值得注意的是，在使用宽恕疗法时，需要在日历上做好记录，如果哪天忘记做练习了，就需要重新开始；在某些紧急的情况下，可以缩短宽恕练习的时间，如 10 分钟或是 5 分钟左右。不管时间长短、不管次数多少，关键是每进行一次就要有一次的效果。

三是情绪鞭挞法。当我们处于烦躁、抑郁、悲伤等不良情绪中时，让自己的一只手握成拳，轻轻地敲打另一只手的手心。值得注意的是，在敲打的过程中不要太用力，不要让被敲打的手掌感到不舒服。敲打五六次后，再换成另一只手重复刚才的动作。而后加快敲打的速度，直到能够很快完成这个动作为止。

当然，这些只是举几个例子，我们可以根据自己的需求和情况来选择不同的情绪疗法。但是不管采用何种方法，能让我们远离情绪失控、保持健康的身心才是最关键的。

# 选择食物调出好心情

雅馨是一位营养师，整个人看上去犹如她的名字般清新雅致，让人不自觉地想要和她亲近。其实，雅馨原来并非如此，而是在长期的调理中日益改善，渐渐变成了现在这般恬淡闲适。

雅馨原来是一位幼儿园老师，非常喜欢小孩子，她认为在与孩子相处的过程中，自己肯定会非常快乐，因为孩子单纯可爱的性格会让人身心愉悦。可是，理想与现实却相去甚远。

当幼师不到一个月，雅馨就被小朋友的各种"胡搅蛮缠"弄得烦躁不已：讲故事的时候，有的小朋友不是随意走动，就是和其他小朋友说话；中午午睡时，有的小朋友则要缠着她，让她给讲故事，或者闹腾着不肯睡。每当她想好好地对小朋友进行说教时，有的小朋友却摆出一副爱答不理的样子，让雅馨差点压抑不住怒火。

虽然雅馨也明白对小孩子是不能动怒的，但她最终还是控制不了自己的情绪而爆发了。那天，一个小朋友在午睡的时候又让她讲故事，有几个小朋友看到后也不睡了，都坐在床上撒娇道："雅馨老师，我也要听故事。"

过了一会儿，其他在午睡的小朋友都被吵醒了，纷纷哭闹起来。顿时，撒娇声、哭闹声、讲话声让雅馨有些头痛不已。而当天的午睡时间段里就她一个人值班，雅馨不由得怒火中烧，气得踢了一下身边的小板凳，并大声地吼道："不要再闹了!"伴随着凳子的落地声和雅馨的怒吼声，小朋友们顿时被吓住了，都不再哭闹。可是，还是有一两个小孩子吓得哭了起来。

事后，幼儿园领导处分了雅馨。其实，雅馨也知道是自己的错，但是她仍然控制不了自己的情绪。没过多久，雅馨提交了辞呈，她认为如果控制不了自己的情绪，只会给小朋友带来伤害。

后来，在朋友的推荐下，她开始阅读和学习营养方面的书籍与课程，慢慢地调控自己的情绪，并且给自己制定了"情绪食谱"。比如，主食都是粗细粮搭配，如豆类、谷类等，因为它们含有丰富的膳食纤维和维生素 E 等；饮食要以清淡为主，但是蛋类、肉类、鱼虾等食物也要适量地摄取，因为它们可以提供蛋白质和矿物质等；多食蔬菜，特别是深色的，因为蔬菜是维生素和膳食纤维的重要来源。

慢慢地，雅馨在学习的过程中，不仅让自己的身体变得越来越健康，而且情绪也得到了有效缓解，更让自己学到了不少膳食知识，从而当起了一名营养师。

很多人都会因为各种人或事而让自己的情绪发生波动，严重的甚至会出现情绪失控，对人对己都会造成伤害。而合理地摄取一些食物，不仅有益于身体，还能影响我们的情绪，就像上文中的雅馨，通过合理的"情绪食谱"，帮助自己调节了情绪。

其实，许多食物都可以帮助我们赶走不良情绪。如全麦面包，对抗忧郁情绪可谓是"一剂良药"，在吃其他食物前，可以先吃几片全麦面包，因为它能影响调节情绪的色氨酸，保证色氨酸更便捷地进入大脑。

甜点是很多女生的喜好，适当地食用甜点不仅能为大脑提供必需的能量，还可以让人的精力保持充沛。另外，甜的食物能让人更容易入睡，减轻人们对疼痛的敏感度。比如，有的妈妈在带小孩子打预防针时总是会事先准备好一些糖，用糖来吸引他们的注意力，缓解他们对疼痛的恐惧。

不仅如此，经常食用一些水果和零食对情绪也大有裨益。比如，橙子含有大量的维生素 c，经常食用可以改善紧张、愤怒等情绪。香蕉含有丰富的镁和维生素，如果经常处于忙碌的状态中，可以食用一些香蕉，以此缓解紧张的情绪。香蕉还含有维生素 B6，具有安神的作用，不仅可以稳定情绪，还有助于改善睡眠。特别是对于考试易紧张的学生来说，适当地食用香蕉是一个不错的选择。

此外，山楂是平息肝火的食物之一，当我们因为工作等事情而导致情绪失调时，可以吃些山楂来调节情绪。另外，山楂含有丰富的类黄酮，可以使血管壁得到松弛，并且扩张冠状动脉，因此对心脏负担可起到有效的缓解作用，让人的情绪趋于平稳。

对于情绪波动比较大的人来说，适量食用黑巧克力也可以缓解不良情绪。因为巧克力具有镇定作用，还可以让人感到愉悦。

被人们称为"国民零食"的瓜子，也能有效地缓解紧张的情绪。在日常生活中，当有客人来访或是朋友聚会时，主人经常会先端上一盘瓜子供大家品尝。其实，这就是让大家放松下来，在吃的过程中，双方交流起来会更加轻松、自然。

总之，不管选择何种食物，关键是让我们在吃得健康的同时，还能调适自己的心情。此种双赢的"良方"，我们何乐而不为呢？

# 色彩可以调节情绪

在英国伦敦，有一座菲里埃大桥，黑色的桥身总给人一种凝重、不安的感受。很多人自杀都会选择这里。后来，医学专家普利森向英国政府提出建议：将黑色的桥身涂成蓝色。不久，在这里自杀的人数就骤减了56.4%。为此，很多人都开始关注建筑色彩和心理压力之间的关系。

虽然人们一提及蓝色，总是会与忧郁联系在一起，但有研究表明：蓝色可以增强人的自信心，使人感到愉快，有时候还能减缓人的压力，让人的思维变得更加敏捷。

在如今竞争激烈的社会中，很多人都会因为生活和工作中的各种压力和困难而身心俱疲，他们无处释放自己的压力，导致情绪起伏不定。此时，色彩就成了人们的情绪"心理治疗师"。

在监狱中，很多囚犯会因为长时间的关押而导致心情变得灰暗和压抑，因此常会出现打架、斗殴的现象，这对囚犯的改造极其不利。为了改善这种情况，心理学家建议将监狱中囚犯的衣服和被单都换成稍微明亮的颜色，这对他们的情绪、行为、心理都会产生积极的影响。当囚犯的衣服都换成薄荷绿和浅绿色，并且把床单换成棕色后，不仅他们的情绪会变得积极起来，而且暖色调的床单也有助于他们的睡眠，对情绪起到良好的调控作用。

如果能够正确使用颜色，不仅可以帮助我们调适疲惫不堪的身心、"治疗"烦躁不安的情绪，还能够调整并改善人体功能。美国心理学家策勒经过自己多年的研究和实践证明：颜色具有治疗、刺激、镇静作用，比如红色和黄色会让患者产生兴奋、希望等。但值得注意的是，红色不宜使用过于频繁，否则会让人神志紊乱。科学家们的研究证明：在医院的墙壁上涂上淡绿色、浅黄色不仅可以使病人的情绪镇定下来，还能帮助他们早日恢复健康。

除了在医学方面使用外，颜色还有其他象征意义，在日常生活中对我们有着重要影响。

黄色：色彩比较鲜艳、明亮、柔和，给人一种活泼、靓丽的感觉，是很多年轻人喜欢的颜色。

红色：给人一种热情、活力四射的感觉，它是渲染热闹、喜庆氛围的一种颜色，特别是在婚嫁的时候经常会使用红色。但是，如果长时间盯着红色看则会让人焦虑不安。

绿色：一种大自然的颜色，代表着新生、和平、宁静。它可以起到镇静的作用，特别能够缓解视觉疲劳，对消极情绪也具有一定的治疗作用。

紫色：一种比较刺激的颜色，是由红色和蓝色融合而成的，给人一种高贵、威严的感觉。在古代，紫色有着特殊的含义，被视为尊贵的象征。

蓝色：一种比较冷的颜色，纯净的蓝色会让人想到海洋和天空。当这种颜色比较暗的时候，会给人一种消极和压迫的感觉。但是如果是浅蓝色，则是一种"安抚色"，会让人感到安静和放松。

白色：代表着纯洁、光明。但是，白色也给人一种恐怖感。所以，在现如今的医院里，手术室的医护人员都穿着绿色的工作服，而妇产科医生则身着粉色的工作服，以缓和患者的情绪。

黑色：给人肃穆、压抑、沉闷、哀痛等感觉，它能够使情绪激动的人冷静下来，但是如果长时间处于黑色的环境下，会导致人精神压抑。在办理丧事的时候，很多人都会在胳膊上佩戴黑色的袖箍。

所以，不同的颜色会对人产生不同的效果。在日常生活中，如果我们可以适当地选择各种色彩来搭配衣服和装饰房间，就会让色彩成为我们情绪的"心理治疗师"，让我们远离失控，保持健康的身心。

周一，小于由于堵车、红灯等情况导致上班迟到，这让小于的心情郁闷不已，工作也不在状态。其去茶水间接水的时候，看到同事小李也在那里休息，便上前和小李攀谈。

小李看到小于的情绪不高，关心地问："怎么了，遇到什么不开心的事情了吗？"小于便将早上的种种"遭遇"倾诉了一番。小李耐心开导道："这些小事情不要放在心上。不过，在你心情不佳的时候，可以多穿一些色彩明亮的衣服，这会让我们的心情也变得明亮起来。你瞧，今天我特意穿了一件黄色的套裙来'装饰'我的心情。本来咱们上班族就有'周一综合征'，如果再遇到一些不顺心的事情，更会影响好心情。"

小于听她那样说，才注意到小李穿了一件漂亮的黄色套裙，看着确实让人觉得心情舒畅。后来，小李又向她传授自己的"色彩搭配经"。于是，她们相约在下班后去商场买几件色彩亮丽的衣服来"装饰"自己的心情。

# 用音乐调节情绪

　　小璇是一位漂亮的女孩，大大的眼睛明亮而有神。她与相恋两年的男朋友正准备步入婚姻的殿堂，对方却提出分手。

　　让小璇更难以接受的是，不到两个月，对方竟和另外一个女人结婚了，这让本就痛苦的小璇一下子滑到了精神崩溃的边缘。一天晚上，她服用了大量安眠药，幸好被家人及时发现送进了医院才抢救过来。

　　出院后的小璇一直沉浸在悲痛、伤心、绝望的情绪中无法自拔，每天以泪洗面、茶饭不思，明亮而有神的大眼睛也变得灰暗而呆滞，更无法正常上班。对此，家人都很着急，四处找寻各种方法来"医治"她。

　　所谓"心病还需心药医"，在朋友的介绍下，家人带着小璇去一位心理学家那里，希望能够从心理上对症下药。听了小璇的具体情况后，心理学家决定对她实施音乐疗法。

　　在治疗的过程中，心理学家先对小璇进行催眠，让她处于潜意识的状态。因为在这种状态下，人对音乐的感受性会比较强，并且在音乐的刺激下容易产生丰富的联想。

　　当小璇进入催眠状态的时候，心理学家便放了一组伤感的音乐。渐渐地，小璇表现出低落、愤怒、痛哭等情绪。当进行第三次治疗的时候，心理学家选用悲伤并有矛盾冲突的音乐，让小璇在听音乐的过程中感受到自己即使伤心、难过、无奈，但终要让以往的恋情告一段落……

之后，小璇渐渐地恢复了常态：开始按时吃饭、睡觉、上班。不久，她还积极参加各种考试来充实自己，以便找到更好的工作。

音乐不仅可以陶冶人的情操，还能够调节人的情绪。上文中的小璇正是借助心理学家播放不同种类的音乐而宣泄伤心、悲痛、绝望等不良情绪，从而渐渐走出了失恋的阴影。

有人曾做过这样的调查：喜欢听古典音乐的家庭，成员的关系非常和睦；喜欢听浪漫音乐的家庭，成员的性格比较活泼开朗。

为了避免不良情绪对人体健康造成损害和某些心理问题的侵袭，现如今，越来越多的医疗机构开始采用音乐作为辅助治疗手段。

比如，对于暴躁易怒和情绪不稳定的人来说，如果想要他们镇定下来，可以给他们播放轻柔而舒缓的音乐；对于多愁善感、心神不安的人来说，可以给他们播放欢快的音乐。需要注意，当处在烦躁不安、心绪不宁的状态时，最好不要听那些刺耳的重金属音乐，它们会对人体神经系统产生强烈的刺激，甚至可以破坏心血管正常的运动，导致情绪更加烦躁不安，并会发生恶心呕吐的现象等。

虽然音乐可以影响人的情绪，但是对于不同的人，影响的程度是不同的。曾有人选择290首著名的乐曲测试两万多人，实验表明，情绪所发生的变化大小与被测试人的欣赏能力高低成正比。

音乐主要通过生理和心理两个层面来影响人的身体和情绪。在生理层面上，音乐会刺激人体的自主神经系统，而自主神经系统的主要功能是调节人的神经传导、心跳、内分泌等。经过科学家研究发现，轻柔缓和的音乐可以让人脑部的血液循环放慢，而动感激烈的音乐则会让人体内的血液流动速度加快。除此之外，高音或是快节奏的音乐会让人的肌肉变得紧张，而低音或缓慢的音乐则会让人放松身体。

在心理层面上，音乐会影响大脑，从而改变人的情绪。许多研究都表明，轻缓而欢快的音乐可以减轻人的焦虑情绪。

虽然音乐对情绪能产生很多积极的作用，但是在学习和工作的时候最好不要听音乐，因为边听音乐边学习、工作，会让人的大脑发生混乱，从而更容易出现错误。

总而言之，我们可以用音乐来治疗我们烦躁不安、心情低落等不良情绪，并且要选择一些积极健康的音乐，这样不仅可以调节我们的情绪，还能让我们保持身心健康。

# 读书有益身心健康

"唐宋八大家"之一的欧阳修不仅在政治上久负盛名,而且在文坛上也是开创一代文风的领袖人物,他之所以能够取得如此大的成就,与他少时努力读书是分不开的。

欧阳修幼年丧父,由于家境贫寒,他无钱上学,只好在家学习,在地上写字、画画,而欧阳修的母亲则给他诵读许多名人的著作和诗词,让他学到了很多知识。

后来,欧阳修渐渐长大,家里的书已经无法满足他的求知欲,他开始向朋友借书来读,有时候还会将读到的内容抄录下来。所以,他在年轻时所作的诗词就广受好评。

不仅如此,饱读诗书还培养了他包容博大、善于发现和提拔人才的心胸与眼光。

宋嘉祐二年(1057 年),欧阳修担任主考官,在批改试卷的时候,当他看到一名学生的文风洒脱豪放时,他没有像某些官员那样心胸狭隘,担心自己的风头会被后辈盖过去,从而打压、无视他们,而是大加赞赏,想要点其为状元。但是,由于当时的考生姓名是密封的,欧阳修觉得试卷的文风与他的学生曾巩很相似,担心让自己的门生成为状元会受人非议,为了避嫌只好给了第二名。事后,他才知这个考生是苏轼,欧阳修相当后悔,认为自己挡住了苏轼出人头地的机会。

可见，读书不仅让我们拥有丰富的知识，还能够塑造我们的心胸和涵养，让我们变得睿智。当我们的知识面不断拓宽时，自私、狭隘、偏见等心理问题也就会不断减少了。就像上文中的欧阳修，从小饱读诗书，包容、博大的胸襟也逐渐养成，所以才会在日后有所成就时懂得知人善任、勇于提拔人才。因此，读书不仅可以让我们形成健全的人格，更能保持健康的心态。

西汉文学家刘向曾说："书犹药也，善读之可以医愚。"有媒体报道称，在意大利的药店里，有些药盒里面装的不是药，而是诗歌。不同的诗歌对应不同的症状，这是医学专家和心理学家共同设计完成的，对忧郁症、精神分裂症等都有一定的疗效。

当我们心理上存在困扰时，除了依靠心理医生外，还应该多看有益于身心的书籍。因为读书是辅助治疗的手段，它不仅能增强人的意志，还能消除焦虑、抑郁等负面情绪。比如，在治疗压抑等情绪问题的过程中，最有效的方法是追寻快乐。当我们沉浸在读书的快乐中时，就可以改变我们对事物的消极看法和评价。另外，读书的过程也是一种情感的宣泄，让我们在不知不觉中调整自己的心理状态，从而保持身心健康。

"读一本好书，就是和许多高尚的人谈话。"在读书的过程中，我们还能有更多的收获，这些收获不仅会满足我们的好奇心和求知欲，同样能让我们感到豁然开朗、心旷神怡。正如马克思所言："一种美好的心情，比十服良药更能解除生理上的疾病和痛楚。"

读书除了对情绪和心理问题有调节和影响作用外，还有其他积极的作用，主要表现为以下几个方面：

第一，读书可以让我们进入更高的思想境界。当我们读的书多了，眼界自然就会变宽，认知和感受也会更有深度。"飞流直下三千尺，疑是银河落九天"不仅让我们感受到壮观的美景，更让我们体会到诗人李白豪迈、浪漫的情怀；"粉骨碎身全不怕，要留清白在人间"让我们深切感受到诗人于谦以石灰作比喻，表达自己不怕牺牲的精神和坚守高洁情操的决心。

第二，读书可以提高我们的处事能力。在日常生活和工作中，我们总会遇到各种问题，采取何种方法应对比较稳妥，可以从书中获得启发。因为读书不可以让我们学会独立思考，还可以增长智慧，让我们产生更多的有价值的想法。

第三，读书可以改变人生。凡有成就的人，大都与书有着不解之缘。诗人闻一多素爱读书，一看到书就会沉迷于其中，并如同"醉"了一般。新婚当天，当迎亲的花轿快到家门口时，他还穿着一件旧袍，手拿着一本书，兴味正浓地看着。数学家华罗庚读书的时候喜欢"猜书"，读之前总是先对着书名沉思片刻，然后闭目思考这本书有几章几节，如果自己的思路与作者一致就不再去看，这样不仅节省时间，还强化了自己的思维能力和想象力。

正如美国作家黑兹利特所言："书会潜入我们的心田，诗歌会流入我们的血液。"博览群书、涉猎广泛，不仅是我们获得丰富知识的途径，也能安抚和调适我们的情绪，让我们保持身心健康。

# 运动可调节不良情绪

　　小舒是一家广告公司的主管，每天都要与不同的客户打交道。由于本着"客户就是上帝"的商业法则，很多时候，面对客户的诸多要求和修改意见，小舒只能强忍着心中的不满和怒气。再加上繁重的工作量，小舒有时候会感觉天旋地转，似乎自己马上就会瘫倒在地。

　　没过不久，小舒因为沉重的压力和超负荷的工作量而住进了医院。医生叮嘱说："如果你再这样下去，身体只会被拖垮。现如今，你需要定时服用药物和检查，还要有规律地运动和锻炼。"

　　按照医生的嘱咐，小舒开始放缓自己的脚步：除了每隔一段时间定期检查外，还给自己制定了运动锻炼的时间表。

　　于是，她每天早起一个小时开始运动，并在运动前吃一片面包或喝一杯蜂蜜水。晚上下班回家后，她会灵活地安排自己的运动时间或项目。有时候会去健身馆游泳、跑步、做瑜伽等，有时候会在小区的运动场所锻炼。运动结束一小时后，再补充点水果，以满足身体的能量所需。

　　在做运动的时候，小舒渐渐感到烦躁、不满、压抑等不良情绪似乎随着汗水从身体内散发出去，心情也变得舒畅起来。自从积极地运动锻炼后，同事和朋友都说小舒的精神气很足，而且感觉她非常有活力。

在竞争日益激烈的社会中，很多都市白领都感觉压力巨大，并且会被各种负面情绪所包围。这时，合理而有规律的运动锻炼不仅可以调控情绪，还可以保持身体健康。就像上文中的小舒，如果总是埋头于高负荷的工作，陷入到不良的情绪中，那么身体累垮是早晚的事情。幸好在医生的叮嘱下，她积极投身于运动锻炼，才逐渐健康了起来。

科学研究表明，有规律的运动锻炼的确可以缓解焦虑、郁闷等情绪。这是因为在运动的过程中，大脑会分泌支配人的心理和行为的肽类物质。其中一种物质叫作"内啡肽"，也称为"快乐素"，它会让人心情愉悦。所以，当我们被坏情绪侵袭时，合理而有规律的运动锻炼可以让心情很快好起来。

近年来，越来越多的研究发现，合理的运动对情绪有很大的影响，它的效果远远胜过药品，其作用是不可低估的。一位知名的心脏病专家曾提出"运动胜过好药方"的观点。运动锻炼被世界各地的医生写进了自己的医嘱里。

有规律的运动锻炼可以让人的精神处于高度集中的状态，对缓解精神紧张和心理失调有很大的作用，还能够帮助我们消除过度紧张和疏导被压抑的心情。可以说，合理而有规律的运动为不良情绪提供了一个"宣泄口"，让我们面对困难时产生奋勇向前的动力。

值得注意的是，运动虽然对情绪有积极的作用，但不同的运动对情绪的影响也是存在差异的。因此，在运动锻炼时还需要注意以下几点：

一是掌握运动量和运动时间。合理的运动锻炼是有益于身心的，但是如果情绪处于过激的状态而运动量过大、运动时间过长，不但不会舒缓、调节情绪，还会让身体受到伤害。对此，有医学专家建议，

　　要根据自身的情况以及时间安排来选择合理的运动方式。当情绪渐渐稳定下来后，再慢慢过渡到较大的运动量。

　　运动量和运动时间是否掌握得当，可以在运动过后看看自己的疲劳能否较快恢复。比如，当我们做完运动后，经过一段时间的休息，是否能够以充沛的体力和精力投入工作及学习，并能轻松地再次进行锻炼。如果不行，就必须及时进行调整或减少运动量了。

　　二是不同情绪状态选择不同的运动。只有正确地选择适合的运动项目，才能让心情更快地好起来。

　　比如，当情绪处于愤怒中的时候，可以选择练拳击，因为在练拳击的过程中，出拳猛击沙包会让愤怒、紧张等情绪倾泻而出；当感到焦虑、有压力的时候，可以选择练习瑜伽，因为在练瑜伽的过程中，冥想和深呼吸对压力释放更有效；当情绪处于悲观、抑郁的时候，可以选择跑步，因为跑步会促使内啡肽和肾上腺素大量释放，从而让心情变好。

　　三是长期坚持。运动锻炼切忌"三天打鱼两天晒网"，那样，只会暂时缓解我们的身心疲劳。因为不良的情绪犹如弹簧，运动锻炼就像对弹簧施力，从而让弹簧收缩，一旦我们不去运动，弹簧就会自行反弹，而不良的情绪也会再次侵袭我们。所以，只有长期坚持运动锻炼，才能遏制不良情绪、保持身心健康。

# 适当放松可调节紧张情绪

小沫的工作总是让他处于紧张、倦怠、焦躁不安的状态中，严重的时候，还会产生失眠的状况。后来，家人都劝说他向公司申请休息几天，以此调节一下心情。

于是，小沫申请了假期，去江南放松和调节自己。可天公不作美，在江南待了几天，总遇到多雨的天气，这让小沫烦不胜烦。本来心情就烦躁，再加上阴雨连绵的天气，更让他郁闷不已。

一天，天终于放晴了，小沫本想出去转转散散心。可是还没有到达目的地，却被一场突如其来的大雨浇得相当狼狈。这场雨顿时让他的心情又变得灰暗起来。他一边气急败坏地找躲雨的地方，一边不停地抱怨着："这该死的天气。"

当小沫愤愤不平地站在屋檐下避雨时，不知不觉已有很多人聚在了一起。有的人也像小沫那样心情烦躁地抖落衣服上的雨水；有的人则站在一边静静地看着雨；还有的人着急地等待着雨停……但是，有两个女生虽然被雨打湿了衣服和包，却笑呵呵地谈论着天气。

只听一个女生笑着说："这场雨怎么毫无预兆地就下来了，也不通知我们一声，让我们有所准备。"另一个女生也笑着回答道："是啊。不过下雨也不错啊，可以让我们在避雨的时候看看雨景，也是一种享受和放松。"然后，两个人又一直打趣地聊着各种话题。

小沫听到她们的对话，心里也渐渐不再那么烦躁了。他开始觉得，这场雨似乎在洗刷自己布满阴霾的心情，心中的不快都被一场雨冲走了。他不禁想：自己为何总是处在紧张不安的情绪中，为何会让阴雨连绵的天气影响自己的心情呢？天气本来就是无法左右的，我们能掌控的只有自己应对各种变故的心态。为何不敞开心扉，从容地面对一切呢？

的确，外在的环境和事物的变化是我们无法预知及掌控的，我们唯一能掌控的就是自己。不管是在生活中还是在工作上，我们要尝试着放松自己，调节自己的心情，从容应对任何问题，才不会让我们的情绪变得烦躁、抑郁，才不会影响自己的认知和判断，陷入情绪失控的深渊。

研究发现，当大脑处于活跃状态时，流经大脑的血液是没有任何疲劳迹象的。但是如果从正在进行紧张工作的人身体中抽取血液，就会发现其中含有"疲劳毒素"以及疲劳代谢物。那么，到底是什么使我们感到疲倦和烦躁不安呢？

英国著名的心理学家哈德菲尔德提出："我们的倦怠感绝大部分来自于心理状况。"美国心理学家布利尔阐释得更加清楚、透彻："身体健康的人感到疲倦的原因，百分之百是由于心理作用，也就是情绪性因素。"

所以，我们要学会放松自己。就像上文中的小沫，不管是工作氛围还是外在环境总会影响他的情绪，从而让他处于神经紧绷、烦躁不安等状态中。但是，当他让自己放松下来去看待问题时，一切就会变得云淡风轻。

美国心理学之父威廉·詹姆斯曾说："美国人紧张过度、生活无规律、躁动不安，把自己搞得喘不过气来……其实所有这些都是坏习惯。"紧张不安是一种习惯，但放松自己也是一种习惯。当我们存在不良的习惯时，当然需要及时地改正过来。

那么，如何才能让自己放松下来呢？我们可以从放松肌肉开始。比如，先从眼睛开始放松，轻轻地闭上眼，然后在心里对自己说："放松！慢慢地放松下来！不要再皱眉了，放松，放松！"不断重复，至少坚持一分钟。慢慢就会发现，当你睁开眼睛后，紧张感也会随之减轻。对于脖颈、脊椎、肩膀及全身而言，同样可以使用这个方法。

除了放松肌肉外，以下几种自我放松的方式也值得尝试：

一是留给自己放松的时间。不管生活和工作有多么忙碌，都要留给自己放松的时间。当感到身心疲惫的时候，不要再勉强自己苦苦支撑下去，这样只会让自己更紧张、更疲惫不堪。每天提醒自己："今天的工作安排是不是过于繁重，我是不是太过紧张了？"如果答案是肯定的，就要注意放松，提示自己适当休息，养成放松的习惯。

二是学会想象。闭上眼睛，想象自己正躺在沙滩上，或正在静谧的绿林里，让心慢慢静下来，松弛下来。

三是借助于外物。如果因为一时繁忙而忘记提醒自己放松，不妨借助于外物来提醒自己。比如，在触手可及的地方贴上便利贴，将"放松"二字写得醒目些，以此提醒自己不要过于紧张、忙碌。

现如今，繁忙的生活和工作中处处存在压力与挑战，我们只有学会适当地调节、放松自己，才能掌控自己的情绪和心态。

# 保持心态健康解压方法

在 1984 年东京国际马拉松比赛中，一个名不见经传的日本选手竟然爆冷门登上了世界冠军的领奖台，很多媒体和观众都叫不上他的名字，但是在这次比赛后，大家都记住了山田本一。当记者问及他能取得成功的秘诀时，他只是简单地说了句："用智慧取胜。"

他这一故弄玄虚的说法让很多人不以为意，因为马拉松是考验人的耐力和体力的运动。所以，当众人听到他"以智慧取胜"的说法后，都感到他的这次成功也许是出于侥幸。

可在后来的意大利国际马拉松比赛中，山田本一再次闯入大家的视线，又成了众多媒体争相报道的对象，因为他再次夺得了冠军。当记者让他谈谈这次成功的秘诀时，他依然用寥寥几个字做了回应："用智慧取胜。"

原来，他在每次比赛的时候，都会先考察一下比赛的线路，并把沿途所出现的醒目标志记下来。比赛开始后，他会全力冲击第一个目标。到达了第一个目标后，他又接着冲击第二个目标。几十公里的赛程，就这样在被他分解成一个个小目标后轻松完成了。

其实，分解目标就是分解压力。学会分解压力能让我们不因超负荷的压力而陷入烦躁或颓废。如同登山，如果让我们一口气登上山顶，就会望而却步。但是如果我们分解一下目标，留心欣赏沿途的风景，效果往往就不一样了。就像上文中的山田本一，他把马拉松的赛程分解成一个个容易完成的小目标，任务难度降低了，压力变小了，状态自然也会变好。每当完成了一个目标，就会有成功的体验，自信心也会随之增加。这种自信一直支撑着他取得了最后的胜利。

不管是在生活中还是在工作上，我们总会面对不同的压力：学习上，成绩和分数是学生们永远避不开的话题和烦恼；生活中，家庭问题和社交应酬是人们必须面对的无奈；工作上，激烈的竞争和艰难的任务都让人喘不过气来。不得不说，压力总是如影随形，不仅让我们的情绪处于烦躁不安、郁闷难耐的状态，还会让身体出现很多病症：神经衰弱、失眠、食欲不振等。但是如果我们学会分解压力，那么，我们就能避免因受过大的压力而导致身心俱疲。

曾有一位教授，在课堂上，他端起一杯水，然后向学生们提问："请问，谁知道这杯水有多重？"同学们答案不一。这时，教授微笑着说："其实，这杯水到底有多重并不重要，重要的是你能拿多长时间。拿一分钟，很多人轻而易举就能做到；拿一个小时，可能会让人感到手腕酸疼不已；拿一天，可能就会被送进医院了。拿得越久，就会让我们感到越沉重和疲劳。这就如同我们所承担的压力，如果我们将压力一直放在身上，随着时间的流逝，我们会感到越来越吃力，越来越沉重，最后导致精神崩溃、情绪失控、身体受损。但是，如果我们在感觉累的时候放下杯子休息一会儿，然后再次端起，我们就会坚持更长的时间。"

所以，当我们承受压力的时候，不妨给自己按一下暂停键，让自己不要一直疲于奔波，而是停下来休息一下。学会分解和释放压力，这样才能让我们更有动力前进。

有一位久负盛名的语文老师，只要是他接手的班级，作文成绩总能"起死回生"。原来，这位语文老师在教学生写作文时有自己的"独门秘籍"：在上作文课时，他首先要求同学们只要字面整洁就可以得满分。所以，同学们都会认真地去写。然后，老师又会提出要求：只要字面整洁，并且没有错别字就可以得满分。于是，同学们都积极地按照老师的要求去做，因而，错别字的现象也在不断减少。后来，这位老师又一步一步要求遣词造句、立意布局等。渐渐地，同学们的作文成绩都得到了提高。

试想，如果上文中的老师在第一堂课时就直接提出一大堆要求，那么，同学们的作文成绩恐怕是无法提升上来的；如果山田本一没有划分目标去跑，那么，就不会取得傲人的成就。可见，分解压力有多么重要。那么，我们如何才能合理地分解压力，避免心理超负荷和情绪失控，保持心态健康呢？在此，心理学家为我们提供了以下几点建议：

一是找出压力的源头。不管面对何种压力，重要的是先厘清压力的源头在哪里。是因为工作任务过多，还是生活中的琐事太烦心？当了解自己到压力的根源所在后，才能有针对性地适当进行压力的分解。如果是工作任务过多，一时完成不了而感到压力很大，可以把工作进行合理规划，分清主次、排好顺序，先处理哪个、后处理哪个；如果是因为生活琐事而导致心烦意乱、压力过大，可以与家人或亲密朋友沟通一下，向他们倾诉自己的烦恼，在倾诉的同时，压力也就被化解了。

二是正确认识压力。当找到压力的症结所在后，接下来需要我们端正态度，正确认识压力。其实，压力就如同一把双刃剑，压力过大虽然会有损于身心健康，但是适当的压力有助于我们成长。有心理学家曾对数百名公司精英进行过调查，结果发现，如果存在适当的压力，不仅不会对身心健康造成威胁，反而会刺激身体的免疫机制，使之得到强化。当他们处于紧张的工作状态下时，生病的次数与工作轻松的同事相比较反而要少得多。而且，有时候他们更渴望竞争性的环境，认为这样更易提高工作效率和取得成功。

　　三是区分生活和工作中的压力。生活中我们可能产生很多不满和不快乐，工作中我们可能总有解决不了的问题，对此，我们要分清生活和工作中的压力，不能让其相互混淆。否则，就会剪不断理还乱，让我们既走不出生活中的压力阴影，也解决不了工作中的问题。正确的做法是，当生活中出现问题时，我们应该积极妥善地将生活中的困难解决掉，切不可把它带入工作中。反之，在工作中也同样如此。只有双方互不干扰，才能让生活和工作井然有序，不让情绪受到负面影响。